1 週間で

PHP

の基礎が学べる本

亀田 健司 著

インプレス

学習を始める前に

● はじめに

　本書は、これから PHP のプログラミングをはじめようとしている人に向けた入門書です。説明を全 7 章、7 日分に分けて、1 日 1 章ずつ学んでいけば PHP のプログラミングの基礎について理解できるようになっています。

　私はここまで、本書のシリーズとして、C#、C 言語、C++、さらには MySQL の入門書を執筆してきました。データベースを操作するための言語である MySQL を除き、これらのプログラミング言語はいずれも、文法をマスターしただけでは本格的なプログラミングやシステム開発が難しい言語でした。しかし、本書で取りあげる PHP は、Web アプリに限定されるものの、簡単なものであれば初心者でも比較的短時間で何らかのアプリを作ることができる優れ者の言語です。

　現在の多くのソフトウェアやアプリが、Web アプリやスマートフォンアプリであることを考えれば、PHP は、これから何らかのソフトウェア開発を行うために、もってこいの言語であるといえるでしょう。

● 本書の最終目標

　PHP なら比較的短時間で何らかのアプリを作れると述べましたが、PHP のすべてをマスターすることはすぐには難しいでしょう。そのため本書では、7 日間という限られた時間を使って、学生名簿を管理する（学生情報の追加、取得、更新、削除などを行う）アプリを開発できるようになることを目標にしています。「なんだ、その程度のことしかできないのか」と思われる方もいらっしゃるかもしれませんが、実はその中には、Web アプリ全般の開発に必要な基礎知識が詰まっています。まずは本書でじっくりと学習し、そのあと、より高度な開発にチャレンジをすることをおすすめします。

　また、今までまったくプログラミングの経験がなく、Web アプリがどのような仕組みになっているのかを知りたい方、プログラミングをはじめてみたいけれど二の足を踏んできた方には、ある種の教養書として読んでもらうこともできます。そういう方は実技部分を飛ばして、「読み物」として本書を利用していただければ幸いです。

● 本書の構成

　本書は基本的に、パソコンの基礎的な操作さえわかっていれば、プログラミングの学習ができることを目標としています。そのため、PHP の学習に本格的に入る前に、おそらく初心者の方が知らないであろうコンピュータのプログラムが動作する仕組みや、Web を構築する際に必要となる HTML の基本、さらには Web アプリが動作する仕組みについても説明します。

　これらの知識をお持ちの方には少しクドく見えるかもしれませんが、ぜひ復習も兼ねて、この箇所も飛ばさずに読み進めてください。

● プログラミング学習の三本柱

　PHP のようなプログラミング言語と、人間が日常的に使っている言語とでは、同じく「言語」と呼ばれているものの、大きな違いがあります。そのため、学習をはじめるにあたり、PHP に限らずプログラミングに必要な学習の三本柱を紹介したいと思います。

①文法のマスター

　文法のマスターは、人間が外国語を学ぶときと一緒です。ただ、人間が使う言語に比べて、プログラミング言語の文法はびっくりするくらい単純です。そのため、文法だけの説明であれば 2 〜 3 日、ある程度プログラムに慣れた人は 1 日もあれば慣れてしまいます。初心者にとっては敷居が高いかもしれませんが、それでも基礎を学ぶには 1 週間もあれば十分です。

②アルゴリズムとデータ構造の理解

　アルゴリズムとは、簡単にいえばプログラムの大まかな構造のことです。プログラムは人間の命令を処理するための手順のかたまりなのですが、手順をどう処理していくかという段取りのことをアルゴリズムといいます。また、データ構造とは、プログラミングにおいてデータを扱う仕組みです。

　実はアルゴリズムとデータ構造は、プログラミング言語が違ってもほぼ変わることはありません。というよりも、そもそもこのアルゴリズムを記述するためにプログラミング言語が存在するのです。そのため、いったん何らかのプログラミング言語をマスターしてしまえば、ほかのプログラミング言語も容易に理解できるようになります。

③プログラムの例題に数多く触れる

外国語学習を例として述べたとおり、プログラミングの上達にはある程度以上の量の実例、つまり実際のプログラムに触れることが必要です。実際のプログラムを読み解くことで、文法やアルゴリズムがどのように記述されているかがわかるのです。ですから①、②を学んだあとは、ひたすら③を実践していくだけなのです。

「学習の三本柱」という言葉を使いましたが、三本の中では、要する時間は③が一番長いことになります。

● この本の活用方法

実際のところ、多くの入門者は、文法の学習とアルゴリズムの理解でつまずいてしまいます。その理由は、これら基本事項を学習してから実践に移るまでのハードルがあまりにも高すぎるからです。つまり、**基礎訓練から実践までの乖離が大きすぎる**、これが現在のプログラミング教育の問題なのです。

実際のところ多くの企業の新入社員教育では、①および②の段階までは何とか研修期間内に身に付けてもらい、現場に出てから実地で③を頑張る……というスタイルになっているのが実情です。前述の問題は、特に②と③の間に存在します。頑張って言語を覚えたけれど、結局、実用的なアプリを作れずに終わってしまっている人は、この段階でつまずいているのです。

そこで、本書では特にこの②から③への段階、つまり文法を覚えてからある程度高度なプログラミングができるようになることを重点に説明していきます。そのため、**このテキストはぜひ3回読んでください。**それぞれの読み方は次のとおりです。

◉ 1回目：

全体を日程どおりに1週間でざっと読んで、基本文法とプログラミングの基礎を理解する。問題は飛ばしてサンプルプログラムを入力し、難しいところは読み飛ばして流れをつかむ。

◉ 2回目：

復習を兼ねて、冒頭から問題を解くことを中心に読み進める。問題は難易度に応じて★マークが付いているので、★マーク1つの問題だけを解くようにする。その過程で理解が不十分だったところを理解できるようにする。

◎ **3回目：**

　★マーク 2 つ以上の上級問題を解いていき、プログラミングの実力を付けていく。わからない場合は解説をじっくり読み、何度もチャレンジする。

　このやり方でしっかりと進めていけば、プログラミングの高度な技術が身に付いていくことでしょう。

本書の使い方

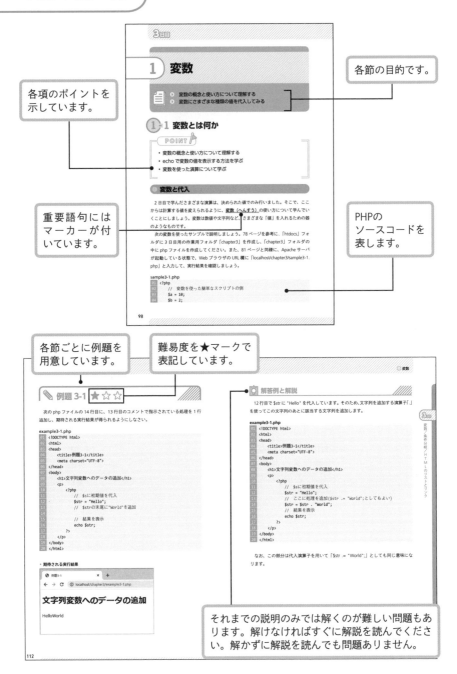

各節の目的です。

各項のポイントを示しています。

重要語句にはマーカーが付いています。

PHPのソースコードを表します。

各節ごとに例題を用意しています。

難易度を★マークで表記しています。

それまでの説明のみでは解くのが難しい問題もあります。解けなければすぐに解説を読んでください。解かずに解説を読んでも問題ありません。

目次

1日目 はじめの一歩　　11

2日目 プログラミングとは何か／PHP の基本　　53

1日目

はじめの一歩

1 インターネットの仕組み

- ▶ インターネットの仕組みについて理解する
- ▶ サーバとは何かを理解する

1-1 インターネットとは何か

POINT

- インターネットの基本について理解する
- パケットとルータの仕組みについて理解する
- TCP/IP などのプロトコルについて理解する

● インターネットとは何か

インターネット（internet） とは、世界中にある **LAN（Local Area Network：ラン）** と呼ばれる小規模ネットワークの集合体が世界規模でつながったネットワークのことを指します。

インターネットでは、ネットワークに接続しているコンピュータから、別のコンピュータの間にあるいくつもの中継地点を経由してデータのやり取りをしています。つまり、**小さなネットワークが相互に協力し合い、リレーのようにしてデータを運ぶ仕組みになっているのです。** 電子メール、Web サイトの閲覧など、さまざまな Web サービスは、この仕組みを利用してデータのやり取りを行っています。

データを宛先に届ける際にルートを選択することを **経路選択（けいろせんたく）** といいます。英語では **ルーティング（routing）** といい、それを行う装置を **ルータ** といいます。ルータはインターネットの中継地点の役割を果たします。

ルータは LAN の形成にも利用され、さまざまな種類があります。自宅でプロバイダと契約しインターネットを利用している方がいると思いますが、その際外部のネットワークと接続するのに利用されているのが家庭用のルータです。

家庭用ルータは、家庭内のパソコンやゲーム機などの機器をつなげて LAN を形成すると同時に、これらの機器を外部のネットワークに接続する役割を担っています。持ち運びが可能な**モバイルルータ**も同じような働きをしています。

● インターネットの仕組みとルータ

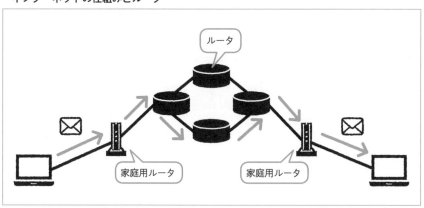

● IP

インターネットで通信（データのやり取り）を行うためには、**プロトコル（protocol）**と呼ばれる規約に従う必要があります。プロトコルの中で重要なものが、**IP（Internet Protocol：インターネットプロトコル）** です。

◎ パケット

IP では、インターネットでやり取りするデータを**パケット（packet）** という形にします。パケットは「小包」という意味がある単語で、1 つのデータを小さなブロックに分割した細切れのデータです。メールや画像などさまざまなデータをやり取りする際、データは一旦このパケットに分割した状態で送信し、受信側で再構成されます。

● パケット

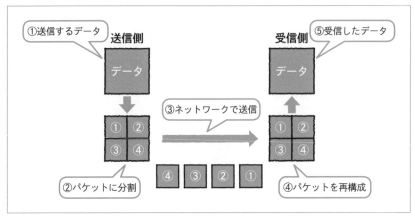

◉ IPアドレスとルーティング

　IP の基本的な働きは、パケットをネットワーク上のある機器から別の機器まで届けることです。

　ネットワーク上の機器を識別する際は、**IP アドレス**というネットワーク上の住所を使います。IP アドレスは、0 ～ 255 の数値を 4 つ組み合わせて表すもので、表記する際には数値を「．（ピリオド）」で区切って表記します。また、**1 つのネットワークの中で、同一の IP アドレスを持つ機器は 1 つに限定されます**。

● IPアドレスの例

```
43.31.2.7
```

　パケットには、**IP ヘッダ**と呼ばれるデータが付加されて送受信されます。IP ヘッダには、データの送信元の機器の IP アドレス、送信先の IP アドレスなどの情報が含まれています。ルータはこの情報を読み取って、パケットを間違いなく伝達するのです。パケットが小包だとしたら、IP ヘッダはその伝票のようなものです。

● IPアドレスとIPヘッダ

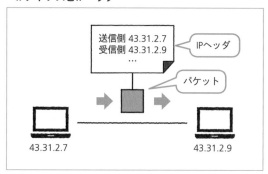

送信側 43.31.2.7
受信側 43.31.2.9
…

IPヘッダ

パケット

43.31.2.7

43.31.2.9

　ネットワーク上に複数のルータやコンピュータなどが接続されている場合、どの経路を通るか選択する必要があります。ルータは自身に接続されている機器のIPアドレスのリストを持っています。ルーティングの際、パケットに付与されている宛先のIPアドレスを確認して、どのような経路にするかを決めます。また、**災害など何らかの理由で経路が切断されても、別の経路を見つけて接続しなおすことができます。**

● ルーティング

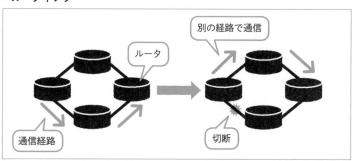

別の経路で通信

ルータ

通信経路

切断

◉ グローバルIPアドレスとプライベートIPアドレス

　IPアドレスの組み合わせは約43億個ありますが、ほぼすべてが世界中に割り振済みのため、IPアドレスの枯渇が問題となっています。そこで、**グローバルIPアドレス**と**プライベートIPアドレス**という2種類のIPアドレスを使い分けて、この問題に対応しています。

　グローバルIPアドレスとは、ほかのアドレスと重複しない世界で唯一のIPアドレスです。それに対し、プライベートIPアドレスはLAN内でのみ使用するIPアドレスで、**ルータはグローバルIPアドレスとプライベートIPアドレスの切り替えを行います。**

● TCP

ところで、コンピュータなど1つの機器で、ネットサーフィンやSNSサービス、メール送受信を同時にできるのは、一体なぜでしょう。

実は、IPだけではこういった仕組みを構築できず、さらに別のプロトコルが必要になってきます。その代表が**TCP（Transmission Control Protocol：ティーシーピー）**です。TCPは、パケットを正しく送受信させるために必要なIPの上位版のプロトコルです。IPとほぼセットで運用されており、2つセットで**TCP/IP（ティーシーピー・アイピー）**と呼ばれています。

◉ ポート番号

TCPでは、**ポート（port）番号**という番号でアプリやサービスを区別します。

1台のコンピュータで、メールアプリやWebブラウザなど複数のアプリを同時に利用できるのは、同じIPアドレスのコンピュータ上で各アプリが異なるポート番号を持っているためです。受信したパケットはポート番号に応じて、それぞれのアプリに割り振られます。例えば、メールアプリで利用するSMTPというサービスには25、Webブラウザが使用するHTTPSというサービスには443というポート番号が割り振られています。

これらポート番号の情報はIPヘッダに記述されており、TCPはこれをもとにしてパケットを目的のサービスやアプリに割り振るのです。

● TCPによるポート番号ごとのパケットの割り振り

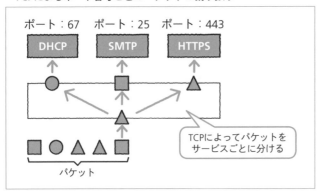

◉ 誤りの訂正

データを完全な形で送信するのも TCP の大事な仕事です。送られるパケットは、ネットワークトラブルなど、すべてが相手側に正しく届く保証はありません。**そこで TCP は、データが相手に正しく届いたかどうかを確認し、もし正しく届いていなければ再送したり、エラーの訂正などをしたりします。**

• TCPによる誤り訂正

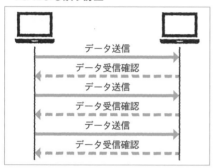

1-2 インターネットとサーバ

- サーバとクライアントの関係について理解する
- インターネットで使用されるさまざまなサーバについて学習する

● サーバとは何か

サーバ（Server）とは、給仕など何らかのサービスを行う人あるいは物という意味があり、インターネットの世界でも、複数の意味があります。1 つは、Linux や Windows Server などの OS がインストールされた「サーバ」と呼ばれる種類のコンピュータのこと。もう 1 つは、**クライアント（Client）**と呼ばれるコンピュータもしくはコンピュータ上のソフトウェアからの**リクエスト（要求）**に応じて、何らかのサービス（処理）を提供する側のソフトウェアのことです。

ここでは、後者の代表的なサーバの種類とその役割について説明します。

◉ DHCPサーバ

<u>DHCP (Dynamic Host Configuration Protocol)</u> は、インターネットなどのネットワークに一時的に接続するコンピュータに、**IP アドレスなど必要な情報を自動的に発行するサーバ**のことです。

かつて IP アドレスは、インターネットに接続した機器それぞれに固定した値を設定する固定アドレス方式が主流でした。しかし、近年は無線ネットワークなどの普及により、動的に IP アドレスを割り振ることが求められます。DHCP サーバが動的に IP を発行することで、家庭内のインターネットや、無料 Wi-Fi などを経由してパソコンやスマートフォンに IP アドレスが割り振られます。DHCP サーバは、Linux や Windows Server などのサーバにインストールされているものと、家庭用ルータをはじめとするルータの内部に内蔵されているものがあります。

● DHCPサーバ

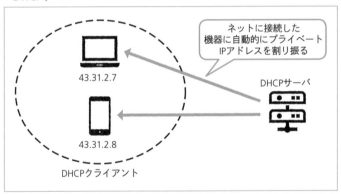

◉ DNSサーバ

IP アドレスは人間にとっては大変理解しづらいので、<u>DNS (Domain Name System：ディー・エヌ・エス)</u> という仕組みで、人間にわかりやすい文字列を使った別名を付けます。この別名は、**ホスト名**や**ドメイン名**と呼ばれます。ドメインは、Web ページの URL やメールアドレスに使う「hoge.co.jp」や「fuga.com」のような形で表現されます。また、DNS はこれらと IP アドレスを対応させる役割を果たします。

• DNSサーバ

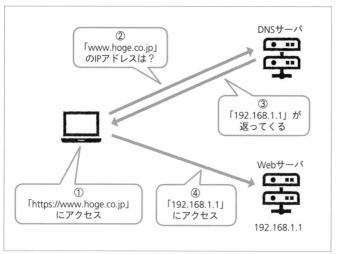

◉ Webサーバ

Web サーバ（Web Server）は、HTTP・HTTPS というプロトコルにしたがって、クライアントとやり取りを行うサーバです。このサーバの使用方法は本書のテーマでもあるため、詳細は次項で説明します。

2 Webの仕組み

- ◉ Web を使ったシステムの構造について理解する
- ◉ Web サーバとクライアントの関係を理解する
- ◉ Web システムにおける HTML の役割について学習する

2-1 Web サーバと HTML

- ・Web サーバとクライアントの働きについて理解する
- ・静的 Web ページの概要について理解する
- ・HTML について理解する

● Web とは何か

　Web とは、ネットワークに文章や画像を公開し、またそれらを結び付ける仕組みのことです。ここでは、どのような仕組みで公開され、結び付けられているのかを説明します。

◉ HTMLとWebブラウザ

　私たちはパソコンやスマートフォンなどでインターネットに接続し、日常的にさまざまな Web サイト（website）を閲覧しています。Web サイトは、文字や画像などで構成されており、これらは基本的に <u>**HTML（Hyper Text Markup Language：エイチティーエムエル）というマークアップ言語で記述されています。**</u>

　<u>**ハイパーテキスト（Hyper Text）**</u>とは、ハイパーリンク（説明は後述）を埋め込むことができる高機能なテキストという意味です。また、マークアップ言語は文章に構造を持たせたり、文章を装飾するための情報をテキストファイルに記述したりするための言語で、プログラミング言語とは異なります。

Web サイトの 1 つ 1 つのページは、Web ページと呼ばれます。HTML は拡張子が「.html」もしくは「.htm」となっているファイルに保存されており、その中には Web ページの情報や表示する文字、画像などをテキストファイル形式で記述されています。Web サイトは、HTML とそれに関連付けられた画像などのファイルの組み合わせで構成されています。

 用語

HTML（Hyper Text Markup Language）
Web ページを記述するためのマークアップ言語

Web ページを閲覧するためのソフトウェアを **Web ブラウザ** といいます。代表的なものとしては、Microsoft 社の Edge、Apple 社の Safari、Google 社の Chrome などがあります。Web ブラウザは HTML を解釈して、画面に表示します。

● WebブラウザとHTML

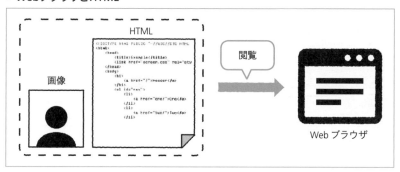

◉ WWWとハイパーリンク

Web サイトは複数のページで構成されており、それぞれのページは**ハイパーリンク**で結び付けられます。例えば、ある Web サイトで文字やボタン、画像などをクリックすると、違うページにジャンプ（遷移）したりしますが、これがハイパーリンクです。

ハイパーリンクは同一の Web サイト内だけではなく、世界中のあらゆる Web サイトに対して張り巡らすことができます。このつながりがクモの巣のように張り巡らされていることから、クモの巣を表す「Web」という言葉が使われています。そして、世界中に張り巡らされた HTML のつながりを **WWW（World Wide Web：ワールド ワイド ウェブ）** といいます。

● ハイパーリンク

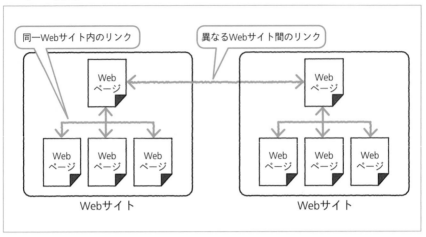

⊚ **Webサーバ**

　私たちが Web ページにアクセスするためには、アドレスという住所のような情報が必要です。通常、Web ページのアドレスは、「http:// ○○ .co.jp」や「https:// www. ○○ .com」のような形式で記述します。このように表現するアドレスを **URL（Uniform Resource Locator：ユー・アール・エル）** といいます。URL を Web ブラウザの URL 欄に入力すると、その Web ページにアクセスできます。

　この仕組みを支えているのが、**Web サーバ** と呼ばれるネットワーク上にあるサーバです。Web ブラウザなどのクライアント側から URL を送って「この Web ページを表示してほしい」と、Web サーバにリクエスト（要求）をします。Web サーバは、URL に該当する Web ページの HTML や、画像などのデータを送り返します。この送り返されたデータは **レスポンス** と呼ばれ、クライアント側ではレスポンスの内容を表示します。このとき使用されるプロトコルは、TCP/IP の上位のプロトコルである **HTTP プロトコル**、もしくは **HTTPS プロトコル** です。

　なお、リクエストに対し Web サーバにある HTML ファイルや画像を送り返し、それを Web ブラウザで表示するタイプの Web ページを **静的 Web ページ** といい、Web ページのもっとも基本的な仕組みです。

- **Webサーバの仕組み（静的Webページの場合）**

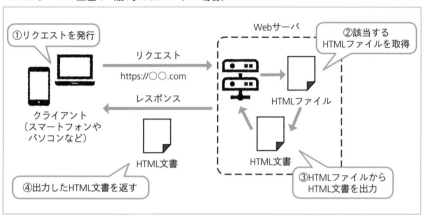

Web サーバにはいくつか種類があり、オープンソースで開発されている **Apache（アパッチ）** や、Microsoft 社の **IIS（アイアイエス）** などがあります。

なお、**本書では Apache を使用して学習を進めていきます。**

重要　Web サーバとクライアントの間の通信には、HTTP プロトコルもしくは HTTPS プロトコルが使われます。

◉ URLとHTTP・HTTPSプロトコル

URL は、アクセスしたい Web ページの住所と通信方式を文字列で表しています。通常、URL の先頭は「http://」もしくは「https://」ではじまりますが、この http と https はすでに説明したとおり、プロトコルの 1 つです。

http は、Hyper Text Transfer Protocol の略で、Web サーバとクライアント間で HTML によって記述された情報をやり取りすることを表します。また、https は Hyper Text Transfer Protocol Secure の略で、HTML で記述された情報を暗号化してやり取りすることを表します。

「http://」のあとに「www」が続く場合もありますが、省略されることがほとんどです。さらにそのあと、DNS サーバの説明でも触れたドメイン名が続きます。そして、サーバの住所を表すドメイン名が付きます。場合によっては、ドメイン名のあとに html ファイルを置いてあるディレクトリパスや、html ファイル名などが続くこともあります。その場合は、各ワードの間は「/（スラッシュ）」で区切って記述します。

● URLの構成

プロトコル :// ドメイン名 / ディレクトリパス名など

```
https://www.hoge.co.jp
```
　プロトコル　　　ドメイン名

```
https://www.hoge.co.jp/information/
```
　　　　　　　　　　　ディレクトリパス名

重要

HTTP と HTTPS の違いは、後者がセキュリティ面が強化されている点です。

HTML と文字コード

　HTML や PHP について学習するにあたり、それらを記述するために避けられないのが**文字コード**の理解です。文字コードとは、コンピュータで文字を処理するために文字の種類に番号を割り振ったもので、さまざまな種類があります。主要な文字コードは次のとおりです。

● 主要な文字コード

種類	読み方	概要
ASCII	アスキー	アルファベット、数字、記号、空白文字、制御文字などの128文字を表現。半角文字のみを扱う
Shift-JIS	シフトジス	WindowsやMS-DOS、macOSで使用される2バイトの文字コード。全角文字・半角文字ともに表現可能
EUC	イーユーシー	UNIX（OSの一種）上で漢字、中国語、韓国語などを扱うことができる
Unicode	ユニコード	世界中の文字を表現可能。現在、Webなどで標準的に用いられている文字コード

　この中で特に大事な文字コードが Unicode です。**Unicode は全世界共通で使えるように世界中の文字を収録する文字コードで、インターネットの世界では世界標準の文字コードです。**

◉ 文字集合と符号化方式

　文字集合（もじしゅうごう）とは、文字と文字に付けた番号をまとめた情報のことで、**Unicode は文字集合の 1 つです**。さらに、コンピュータ上で数値の振り方をどうやって表現（エンコード）するかを決めているのが**符号化方式（ふごうかほうしき）**です。

　UTF-8（ユーティーエフエイト）は、Unicode の符号化方式の 1 つで、ほかに UTF-16 などの符号化方式があります。UTF-8 は ASCII で定義している文字を、Unicode でそのまま使用することを目的として制定しています。**そのため世界中の多くのソフトウェアやインターネット上で UTF-8 を使用しています**。幅広く普及していることを考えると、UTF-8 は世界的にポピュラーな文字コードだといえるでしょう。

3 開発環境の構築

- ▶ HTML と PHP の開発環境を構築する
- ▶ 開発環境の概要を知る

3-1 開発環境の概要

- VS Code のダウンロードからインストールまでを行う
- VS Code の日本語化を行う

● 学習環境の構築

インターネットと Web の仕組みを学んだあとは、実際に HTML や PHP などのプログラムを入力する環境を整えましょう。

本書では、以下のソフトウェアを利用して学習を進めます。

- Visual Studio Code（VS Code）
- MAMP

VS Codeは、プログラムの入力を行うためのテキストエディタです。テキストエディタとは、文字や記号などのテキストで構成されているテキストファイルを編集するソフトウェアのことです。VS Code は HTML や PHP などプログラムが入力しやすいように、行数の表示や入力補完などを行ってくれます。

MAMP（マンプ）は、Apache Friends が提供する Web システムの開発に必要なフリーソフトウェアをまとめて扱うパッケージソフトウェアです。パッケージ内には、PHP、Apache、MySQL がセットになっています。MAMP を利用することで、Apache 環境をパソコン上に再現できます。**VS Code で作成した html ファイルや**

php ファイルは、MAMP 上の Apache で実行します。

　Apache で実行した html ファイルや php ファイルの確認は、Web ブラウザで行います。Web ブラウザは、普及率の高い Chrome を利用します。

　なお、本書では VS Code と MAMP は Windows 版で説明を行います。

VS Code のインストール

　まずは、VS Code をインストールします。VS Code は、Microsoft 社が開発したテキストエディタで、誰でも無料で利用できます。次の公式サイトからインストーラをダウンロードしてください。

● VS Code の公式サイト

https://code.visualstudio.com

● VS Codeのダウンロード画面

　ダウンロードしたインストーラをダブルクリックすると、インストールが開始されます。

　最初にライセンスに関する同意を求められるので［同意する］を選択し［次へ］をクリックします。

使用許諾契約書の同意

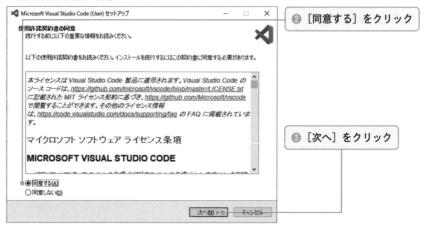

次にインストール先の指定が求められます。変更せず、そのままの状態で［次へ］をクリックします。

インストール先の指定

スタートメニューフォルダの作成先の指定が求められます。こちらもそのままの状態で［次へ］をクリックします。

スタートメニューフォルダの指定

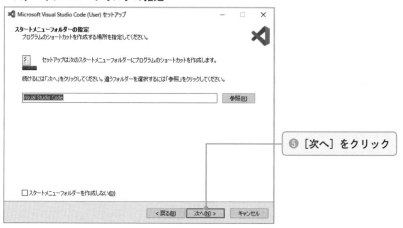

⑤ ［次へ］をクリック

　続いて、追加タスクの選択が求められます。デフォルトでは［PATH への追加］のみ、チェックマークが付いています。［デスクトップ上にアイコンを作成する］［エクスプローラーのディレクトリコンテキストメニューに［Code で開く］アクションを追加する］にもチェックマークを入れて、［次へ］をクリックします。

追加タスクの選択

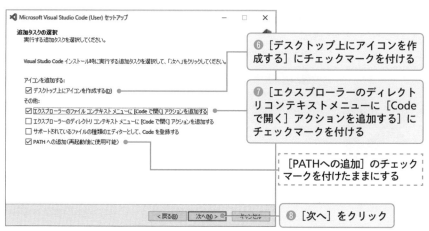

⑥ ［デスクトップ上にアイコンを作成する］にチェックマークを付ける

⑦ ［エクスプローラーのディレクトリコンテキストメニューに［Code で開く］アクションを追加する］にチェックマークを付ける

［PATHへの追加］のチェックマークを付けたままにする

⑧ ［次へ］をクリック

［インストール］をクリックするとインストールが実行されます。

● インストールの準備完了

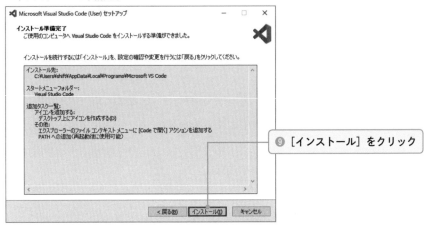

⑨ ［インストール］をクリック

　インストールが完了したら、［完了］ボタンをクリックします。以上でVS Codeの
インストールは終了です。［Visual Studio Codeを実行する］にチェックマークを付
けたままで［完了］をクリックすると、VS Codeが起動します。

● インストールの完了と起動

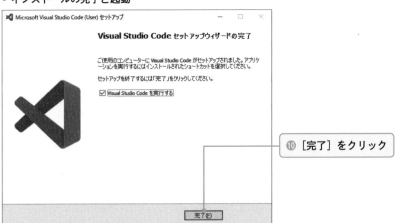

⑩ ［完了］をクリック

VS Code の日本語化

続いて VS Code の日本語化について説明します。

VS Code は、デフォルト状態のままだとメニューなどが英語で表示されます。そのため、別途「Japanese Language Pack」という拡張機能を追加して、日本語で表示されるようにしましょう。

● メニューが英語で表示されている状態のVS Code

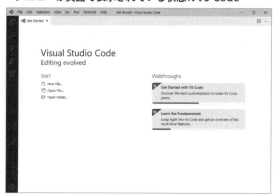

画面左側にある［Extension］をクリックすると、マーケットプレイスが展開し、さまざまな拡張機能の一覧が表示されます。入力欄に「japanese」と入力して、表示された［Japanese Language Pack］の［Install］をクリックしてください。

● マーケットプレイスと「Japanese Language Pack」の選択

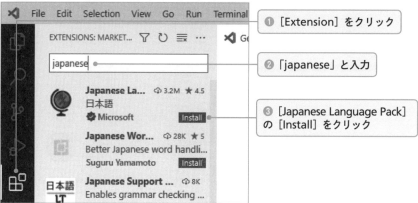

❶ ［Extension］をクリック

❷ 「japanese」と入力

❸ ［Japanese Language Pack］の［Install］をクリック

［Japanese Language Pack］がインストールされると、画面の右下に次のようなメッセージが表示されます。VS Code を日本語で使うには再起動が必要だという意味のメッセージなので、［Restart］をクリックして、VS Code を再起動させましょう。

● 「Japanese Language Pack」のインストール

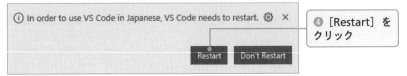

❹ ［Restart］を
クリック

VS Code が再起動すると、英語で表示されたメニューなどが日本語で表示されるようになります。

● 日本語化されたVS Code

VS Code では画面の色（テーマ）を変更できます。本書では、見やすいように Light（白ベースの画面）に設定していますが、初期設定の Dark（黒ベースの画面）とメニューの内容に違いはありません。

3-2 MAMP のインストール

- MAMP をインストールする
- MAMP の働きを知る
- MAMP の動作確認をする

● MAMP のインストール

続いて、MAMP のインストールを行います。

以下の URL から MAMP のサイトにアクセスして、MAMP のインストーラをダウンロードしてください。

● MAMP のサイト

https://www.mamp.info/

[Free Download] をクリックすると、ダウンロードページに遷移します。

● MAMPのトップページ

MAMP を利用する環境をクリックすると、インストーラをダウンロードできます。ここでは Windows 版を選択します。

● インストーラのダウンロードページ

ダウンロードしたインストーラをダブルクリックして起動させます。[Next] をクリックして、インストールを進めてください。

● MAMPのインストールの開始

[MAMP PRO]と[Install Apple Bonjour]のチェックマークを外して、[Next]をクリックします。

● インストールするアプリケーションの選択

④ [MAMP PRO] の
チェックマークを外す

⑤ [Install Apple Bonjour]
のチェックマークを外す

⑥ [Next] をクリック

ライセンスの内容を確認し、[I accept the agreement] を選択して [Next] をクリックします。

● ライセンスの承認

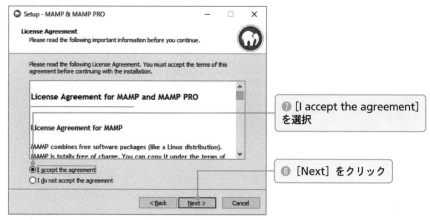

⑦ [I accept the agreement]
を選択

⑧ [Next] をクリック

インストールするフォルダの選択画面に移行します。

初期状態では「C:¥MAMP」となっています。**このフォルダは、のちほど行う設定に必要なため変更しないでください**。[Next]をクリックして、次の設定に進みます。

- インストール先の設定

初期状態（「C:¥MAMP」）のままにする

⑨ [Next]をクリック

次はスタートメニューに登録する名前を入力します。

初期状態は「MAMP」となっています。特に問題がなければ、このまま[Next]をクリックします。

- スタートメニューに登録する名前の設定

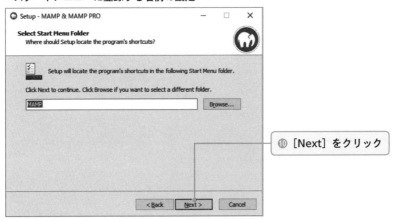

⑩ [Next]をクリック

デスクトップに MAMP のアイコンを追加するかどうかを尋ねてきます。特に問題がなければ、このまま［Next］をクリックします。

● デスクトップにMAMPのアイコンを追加する設定

⑪ ［Next］をクリック

［Install］をクリックすると、インストールが開始されます。

● インストールする内容の確認

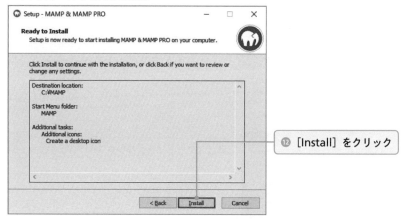

⑫ ［Install］をクリック

インストールが完了したら、[Finish] をクリックします。以上でインストールは完了です。

● インストール終了

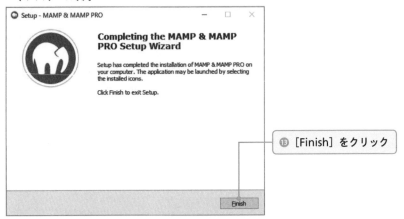

⑬ [Finish] をクリック

MAMP の起動と PHP の設定

次に MAMP を起動して、PHP の設定を行います。

◉ MAMPの起動

デスクトップ上のアイコンをダブルクリックするか、スタートメニューから MAMP を選択し、起動します。

● MAMPの起動

❶ [スタート] をクリック

❷ [MAMP] をクリック

　MAMP の画面が開いてから少し待つと、「Apache Server」と「MySQL Server」の右側にある丸が緑になります。これは、それぞれ Apache サーバと MySQL サーバ（詳細は 69 ページ）が起動していることを意味しています。この状態で、[Open WebStart page] をクリックすると、Web ブラウザが起動し、MAMP の Web スタートページが表示されます。

● **MAMPの画面**

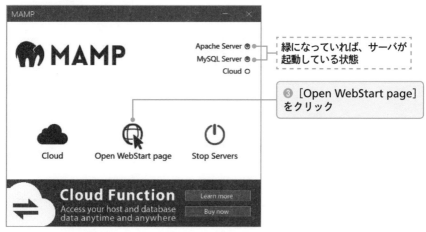

緑になっていれば、サーバが起動している状態

❸ [Open WebStart page] をクリック

● **MAMPのWebスタートページ**

◉ PHPの設定を変更

　次に PHP のプログラムに間違いが発生したときに、エラーの原因を特定するために必要な設定を行います。上部にある MAMP の Web スタートページのメニューから [TOOLS] - [PHPINFO] をクリックしてください。

- ### PHPINFOの選択

❶ [TOOLS] - [PHPINFO] をクリック

　PHPINFO では、PHP の設定内容を確認できます。「Loaded Configuration File」の項目を確認してください。PHP の設定ファイルである「php.ini」がある場所が表示されています。

- ### PHPINFOでPHPの設定内容を確認

❷ [Loaded Configuration File] の項目を確認

• php.iniのパスの表示例

```
C:\MAMP\conf\php7.4.16\php.ini
```

　なお php ○ . ○ . ○の部分はインストールする MAMP のバージョンによって異なります。php.ini ファイルをメモ帳で開き、「display_errors」を検索して、下記のとおりに修正します。

　なお、**修正に際しては誤ってファイルを破損してしまうことも考えられるので、元の php.ini ファイルはあらかじめコピーしてバックアップを取っておきましょう。**

• **修正する箇所**

```
display_errors =  off
```

　見つけたら、次のように修正してください。

• **修正後の記述**

```
display_errors = on
```

　この設定を行うことで、PHP のプログラムの中に誤りがあった場合にエラーや警告などのメッセージを表示してくれるようになり、プログラミングがしやすくなります。

　php.ini の変更内容を反映させるためには、MAMP を再起動させる必要があります。変更後は、**変更を反映させるために MAMP の［Stop Servers］をクリックして、一旦サーバをストップさせてください。**

● サーバを停止させる

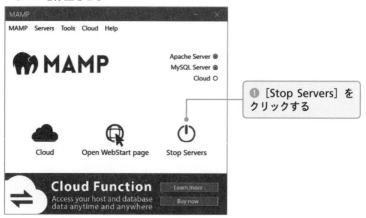

❶ [Stop Servers] を
クリックする

　すると「Apache Server」と「MySQL Server」の右側にある丸が白になるので、[Start Servers] をクリックしてサーバを再起動させてください。

● サーバを再起動させる

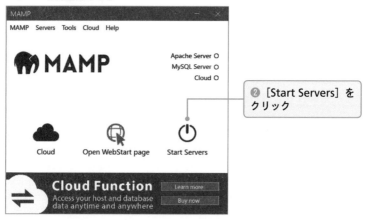

❷ [Start Servers] を
クリック

　「Apache Server」と「MySQL Server」の右側にある丸が再び緑になればサーバの再起動は完了し、設定ファイルの変更が反映されます。

3-3 HTML の初歩

POINT

- 簡単な HTML を入力してみる
- 入力した HTML の出力結果を確認してみる
- HTML の基本的な構造について理解する

簡単な HTML ファイルを作ってみる

PHP について学習するには HTML の知識が欠かせません。そのため、最初に HTML ファイルを作成し、ブラウザで確認する方法について学習しましょう。

◉ VS Codeで作業用フォルダを選択する

入力は VS Code で行います。最初に行わなくてはならないのが、HTML のファイルを保存する作業用フォルダの選択です。VS Code を起動したら、メニューから [ファイル] ー [フォルダーを開く] をクリックします。

● 作業用フォルダの選択①

❶ [ファイル] ー [フォルダーを開く] をクリック

ファイルダイアログが表示されるので、**36 ページで指定した [MAMP] フォルダ内の [htdocs] フォルダを作業用のフォルダに指定します** (理由は 48 ページで説明)。

● 作業用フォルダの選択②

　フォルダを選択すると「このフォルダー内のファイルの作成者を信頼しますか？」と確認画面が表示される場合があるので、［はい、作成者を信頼します］をクリックしてください。

● 作業用フォルダの選択に関する質問

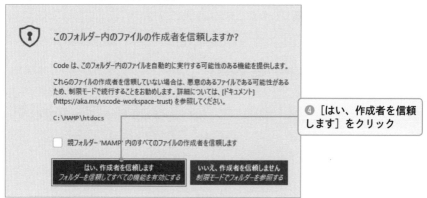

　これで［htdocs］フォルダが作業用フォルダとして選択されます。

◉ VS Codeで新しいファイルの作成

続いて HTML ファイルを作成します。選択されたフォルダ内のファイルの一覧の上にある［新しいファイル］をクリックしてください。

新しいファイルにファイル名を入力できる状態になるので、「sample1-1.html」と入力してください。ファイル名を入力したあとは、Enter キーを押して確定させます。

● 新しいファイルの作成

❶ ［新しいファイル］をクリック

❷ 「sample1-1.html」と入力して、Enter キーを押す

「sample1-1.html」というファイルが作成され、入力できる状態になります。

● HTMLが入力可能な状態

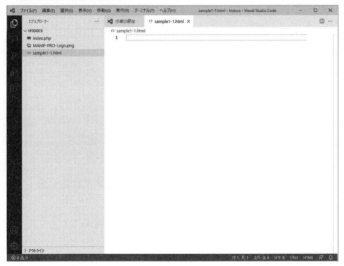

1日目 はじめの一歩

HTML の入力

HTML を実際に入力して Web ブラウザで確認してみましょう。

作成した sample1-1.html に、次の HTML を入力してください。

sample1-1.html
```
01  <!DOCTYPE html>
02  <html>
03  <head>
04      <title>1週間でPHPの基礎が学べる本</title>
05      <meta charset="UTF-8">
06  </head>
07  <body>
08      <h1>HTML入門</h1>
09      <p>まずはHTMLの基本を学びましょう。<br>PHPはその次です！</p>
10  </body>
11  </html>
```

段組みになっている部分は、Tab キーを押すか Space キーを 4 回押します。

• 段組みの入力方法

```
<head>
     <title>1 週間で PHP の基礎が学べる本 </title>
```
Tab キーもしくは Space キー 4 つ分

なお、このように半角スペース・タブ文字・改行といった制御文字のことを**ホワイトスペース（white space）**といいます。HTML の出力結果には影響を与えませんが、これを入れることにより HTML の記述が読みやすくなります。

ただ、**全角スペースはホワイトスペースには含まれないので注意が必要です。**

注意

全角スペースは見えませんが、ホワイトスペースには含まれません。

HTML の入力が完了したら、メニューから［ファイル］－［保存］を選択するか、Ctrl+S キーを押すと、ファイルが保存されます。ファイルが保存されると、ファイル名「sample1-1.html」と書かれたタブの右側に出ている●が×に変わります。これ

はファイルが保存されたことを意味します。

● HTMLの入力が終わった状態

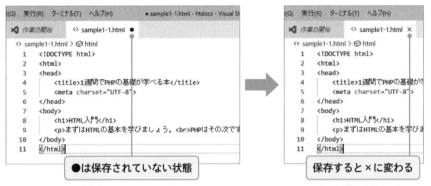

◎ **実行結果の確認**

<u>MAMP が起動していることを確認</u>し、Web ブラウザに次の URL を入力します。

● sample1-1.htmlを閲覧するためのURL

```
localhost/sample1-1.html
```

すると次のような実行結果が得られます。

● sample1-1.htmlの表示結果

◉ ファイルの置き場所

Web サーバである Apache には、「htdocs」というフォルダがあり、この中に HTML などのファイルを置きます。このフォルダには「localhost」という名前（ホスト名）が割り振られています。

つまり、MAMP の「C:¥MAMP¥htdocs」というフォルダは、この Apache の htdocs フォルダに該当するのです。そのため、「localhost/sample1-1.html」という URL は「C:¥MAMP¥htdocs¥sample1-1.html」を指します。

 MAMP の「htdocs」フォルダの直下が「localhost」に該当します。

重要

● HTML の基本構造

続いてこのサンプルをベースにして HTML の記述方法について学んでいきましょう。

◉ HTMLのタグ

sample1-1.html には＜○○＞～＜/○○＞という記述がたくさん使われています。＜○○＞や＜/○○＞の部分は**タグ（tag）**といいます。

最初の＜○○＞を**開始タグ**、最後の＜/○○＞を**終了タグ**といいます。「○○」の部分に入る文字で、処理の内容が変わります。タグで囲まれた範囲を**要素（ようそ）**といいます。

また、タグの種類によっては、開始タグ名のあとに「△△=" × × "」のように付属情報が付く場合があります。これを**タグの属性**もしくは**属性**といい、タグだけで情報を伝えるのが不十分な場合に追加します。

一般的に HTML は、このタグが入れ子構造になって構成されています。

• HTMLとタグ

◉ 文書型宣言

では、以上を踏まえて sample1-1.html を解説していきましょう。

まず、1行目にある以下のような記述を**文書型宣言**もしくは**宣言**といいます。

• 文書型宣言

```
<!DOCTYPE html>
```

これは正確にいえば HTML ではなく「これは HTML で書かれていますよ」ということを宣言する文で、決まり文句のようにとらえて冒頭に必ず記述しましょう。

◉ HTMLの構造

HTML は html タグに囲まれています。つまり、\<html> から \</html> までの要素が HTML であることを表しているわけです。

この中身は、head タグに記述する**ヘッダ**と呼ばれる部分と、body タグに記述するページに表示する内容に分けられます。**ヘッダはページに関する情報が記述されており、実際に私たちが目にする部分は body の要素として記述されます。**

HTML は、さまざまなタグが入れ子状態になっているので、**タグの中にタグを入れる場合は段組み（インデント）を入れて見やすくするように工夫します。**

• htmlタグと要素

```
        ┌ <html>
        │     <head>
        │         ┌─────────────────┐
        │         │ ページに関する情報 │
HTML 文書 ┤        └─────────────────┘
        │     </head>
        │     <body>
        │         ┌───────────────────────┐
        │         │ Web ブラウザに出力する内容 │
        │         └───────────────────────┘
        │     </body>
        └ </html>
```

重要

・HTML ファイルの本体は html タグの要素です

・head タグはヘッダを表し、ページに関する情報が記述されます

・body タグの要素が HTML 文書の本体に該当します

● head タグ

まずは head タグの部分を解説していきましょう。

● headタグの中身

```
<title>1週間でPHPの基礎が学べる本</title>
<meta charset="UTF-8">
```

◉ titleタグ

最初の title タグは、文字どおりページのタイトルを表すものです。使用する Web ブラウザの種類にもよりますが、このタイトルはページを開いている際に Web ブラウザのタブに表示されます。

◉ metaタグ

その次の行は、meta タグといいます。このタグはページの**メタ情報**と呼ばれるものを定義するためのタグで、charset 属性で**文字エンコーディング**を指定しています。ここでは文字エンコーディングに UTF-8 を指定しています。つまり、「この HTML 文書は文字コードに UTF-8 を指定していますよ」と宣言しているのです。

なお、PHP ファイル、HTML ファイルは VS Code で編集すると UTF-8 で保存されます。

● body タグ

body タグの中に、Web ページに表示する内容を記述します。内容の記述には、見出しタグや p タグを使って、見出しや本文を記述していきます。

◉ 見出しタグ

h1 タグは、文章に見出しを付ける**見出しタグ**の一種です。このタグには h1 ～ h6 の 6 段階があり、h1 が 1 番大きい見出しで、数字が大きくなるほど小さい見出しになります。

• h1～h6タグとその出力結果

```
<h1>h1 は 1 番大きい見出し </h1>
<h2>h2 は 2 番目に大きい見出し </h2>
<h3>h3 は 3 番目に大きい見出し </h3>
<h4>h4 は 4 番目に大きい見出し </h4>
<h5>h5 は 5 番目に大きい見出し </h5>
<h6>h6 は 6 番目に大きい見出し </h6>
```

h1 は 1 番大きい見出し
h2 は 2 番目に大きい見出し
h3 は 3 番目に大きい見出し
h4 は 4 番目に大きい見出し
h5 は 5 番目に大きい見出し
h6 は 6 番目に大きい見出し

◉ pタグ

<p> ～ </p> はもっともよく使われるタグといえます。p は段落という意味のある Paragraph（パラグラフ）の単語の頭文字で、文章を表示するために何度も使われます。また、**p タグで記述された文章は、最後に自動で改行されます**。

• pタグ

```
<p>表示したい文章</p>
```

◉ brタグ

br タグとは、文章の途中で改行を行う際に使用するタグです。ここまで紹介してきたほかのタグと違い、単独で用いられるタグです。文章の途中に入れるとその場所に改行が挿入されます。

• brタグと改行

HTML
まずは HTML の基本を学びましょう。
PHP はその次です！

出力結果
まずは HTML の基本を学びましょう。　　　　　＜
 の場所で改行
PHP はその次です！

このほかにもさまざまなタグが存在します。今後、必要に応じて適宜説明をしていくことにします。

4 練習問題

▶ 正解は 330 ページ

問題 1-1 ★ ☆ ☆

HTML の説明として間違っているものを 1 つ選びなさい。

【解答群】

　a：Web サイトを記述するためのマークアップ言語である

　b：複数のタグから構成される

　c：Web サーバから Web ブラウザに対するレスポンスとして送信される

　d：暗号化されたデータであり、人間が読むことはできない

問題 1-2 ★ ☆ ☆

URL の説明として間違っているものを 1 つ選びなさい。

【解答群】

　a：Web 上のアドレスを表す文字列である

　b：http もしくは https からはじまる

　c：Web サーバからのレスポンスとなる

　d：Web サーバに対するリクエストとなる

2日目

プログラミング
とは何か
／ PHP の基本

1 プログラミングとは何か

- PHP を学習する前に最低限の前提知識を身に付ける
- Web システムと PHP の仕組みについて理解する

1-1 コンピュータの内部構造

POINT

- プログラムの前提となるコンピュータの仕組みを知る
- コンピュータが動作する仕組みを理解する

　PHP の学習をはじめる前にコンピュータの仕組みについて説明していきます。

　コンピュータは、LSI と呼ばれる集積回路を搭載した**マザーボード**と呼ばれる基盤に、**CPU** や**ハードディスク**、**メモリ（DRAM）** などの部品を接続した構成になっています。 それらは、バスと呼ばれる電気信号の経路で結び付けられています。 なおスマートフォン、タブレット、ゲーム機などもほぼ同じような構造になっています。

● コンピュータの基本的な仕組み

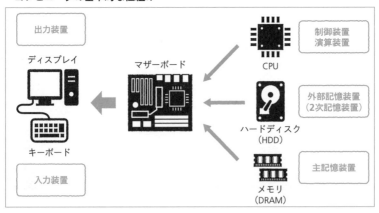

CPU

CPU（Central Processing Unit：シーピーユー）は、コンピュータなどにおいて中心的な処理装置として働く電子回路のことです。CPU はプログラムにしたがってさまざまな数値計算や情報処理、機器制御などを行いますが、プログラムを実行させる部分もこの CPU なのです。

通常、コンピュータのプログラムは、後述するメモリに記録されています。CPU はメモリから命令やデータを読み出し、解釈してプログラムを実行します。その結果、メモリを書き換えるなどの処理を行います。CPU に命令を与えるための言語を**マシン語（機械語）**といいます（詳細は 64 ページ）。

● コンピュータ内での処理の流れ

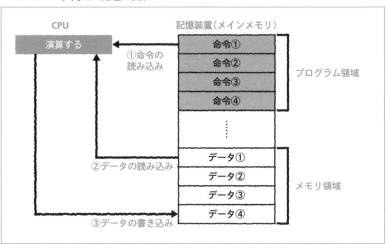

CPU はコンピュータの心臓部であり、頭脳の役割を果たします。

重要

メモリ

コンピュータには、さまざまな種類の**メモリ（Memory）**が内蔵されています。メモリは、プログラムやデータなどを保存する役割を担います。コンピュータのメモリは、大きく分けて RAM（Random Access Memory）と、ROM（Read Only

Memory）の 2 種類があります。RAM は、何度も自由にデータを読み書きできますが、コンピュータの電源が切れるとデータが消えてしまいます。ROM は読み出し専用であり、コンピュータの電源が切れてもデータは消えません。

◉ メインメモリ

　パソコンをはじめとするコンピュータには、**メインメモリ**というメモリが搭載されています。主にメインメモリには RAM の一種である DRAM が使用されます。メインメモリの役割は、コンピュータのデータやプログラムを保存することです。メインメモリには、アドレス（番地）という数値が割り振られ、データにアクセスする際にはアドレスを指定して行います。

● メインメモリのアドレス

アドレス	データ							
	0	1	2	3	4	5	6	7
0001								
0002	0	1	2	3	4	5	6	7
0003								
0004								

◉ フラッシュメモリ

　コンピュータで利用されるメモリは RAM や ROM ばかりではありません。**フラッシュメモリ（Flash Memory）**と呼ばれる**データの消去・書き込みを自由に行うことができ、なおかつ電源を切っても内容が消えないタイプのメモリが存在します。**

　書き込み回数に制限がある、読み書きのスピードが RAM に比べて遅いなどといったさまざまな制約もありますが、USB メモリや SD カード、さらにはパソコンのストレージとして内蔵される **SSD（Solid State Drive）**といった記録メディアとして利用されます。

● ハードディスク

　ハードディスク（Hard Disk）はコンピュータの 2 次記憶装置の一種です。2 次記憶装置はコンピュータの主要部分の外部に接続して、プログラムやデータなどを記録する装置のことです。

　通常、コンピュータのメインメモリは、電源を切ってしまうと記憶されている情報を消失してしまいます。そのため、プログラムやデータは電源を切っても記録が維持される 2 次記憶装置に保存しておき、必要に応じてメインメモリに読み込んで処理を行う必要があります。

　ハードディスクは、磁性体を塗布した円盤を高速回転させ、そのうえで磁気ヘッドを移動させることで、情報の読み書きを行います。中には、OS やソフトウェア、文書データなど、さまざまなファイルが保存されています。パソコンが起動するとハードディスク内の OS がメモリ内に読み込まれて起動されることにより、私たちはパソコンを利用できるようになります。

　ハードディスクの欠点は、機械式な装置であるためにメモリと比べてアクセスに時間がかかることと、衝撃に弱い点にあります。そのため近年では、その欠点を補うフラッシュメモリをベースとした SSD を内蔵するパソコンが増えています。

参考

> 一般的に SSD は同じ記憶容量のハードディスクよりも高速ですが、値段も高く寿命が短いという傾向があるため、使用目的によって使いわけたり、併用したりする傾向にあります。

1-2 ソフトウェアとは何か

- ソフトウェアの種類を理解する
- OS がどのような働きをしているかを理解する

● ソフトウェアの種類

コンピュータはハードウェアだけでは何もできません。コンピュータを利用するためには、**ソフトウェア（software）** が必要です。ソフトウェアには、大きく分けてアプリケーションソフトウェアとシステムソフトウェアの 2 種類が存在します。

◎ アプリケーションソフトウェア

私たちが「コンピュータを使用する」という言葉から連想する主な利用方法は、次のものではないでしょうか。

- インターネットで Web ページを閲覧する
- 電子メールのやりとりをする
- Word や Excel で書類を作成する
- 音楽を聴く
- ゲームをして遊ぶ

このどれもが、コンピュータ内部にある**アプリケーションソフトウェア**を利用することで実現します。アプリケーションソフトウェアとは、コンピュータ上で特定の作業を行うことを目的に用意されたプログラムのことで、「アプリケーションソフト」や「アプリケーション」「アプリ」と省略されて呼ばれることもあります。

私たちが通常ソフトウェアという言葉で連想するのは、ほとんどがこのアプリケーションソフトであるといえます。前述の例でいうと、

- Web ページの閲覧……Web ブラウザソフト
- 書類の作成……ワープロソフトや表計算ソフト

- 音楽を聴く……音楽再生ソフト
- ゲームをする……ゲームソフト

という具合になります。このように、私たちが「コンピュータを使用する」ことは、さまざまなアプリケーションソフトウェアを利用することであるのがわかります。

◎ システムソフトウェア

コンピュータには、アプリケーションソフトウェアとは別に、直接ハードウェアを操作・制御するための <u>OS（Operating System）</u> というソフトウェアが組み込まれています。

OS とは**ハードウェアとアプリケーションソフトウェア**の間に存在し、**アプリケーションソフトウェアがハードウェアをバランスよく使用できるように管理・制御するための特殊なソフトウェアです。** OS が存在することによって、ハードウェアの構成をある程度気にすることなくアプリケーションを開発することができます。また、**OSはユーザーにとってコンピュータを使いやすくするための環境を提供してくれます。**

- OSの役割

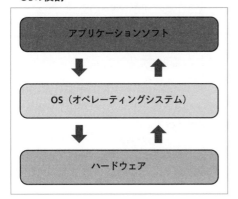

OS のように、システムの根幹をなすソフトウェアのことを、**システムソフトウェア**といいます。OS 以外のシステムソフトウェアには次のようなものがあります。

●ミドルウェア

アプリケーションソフトと OS の中間的な役割を持つソフトウェアです。データベース機能などのアプリケーションに特化した機能を提供します。

●ファームウェア

コンピュータに接続する周辺機器の内部でその機器自身の制御のために動作するソフトウェアです。パソコンにも **BIOS（バイオス）** というファームウェアが存在します。

●デバイスドライバ

OS がハードウェアを制御するための橋渡しを行うプログラムで、利用者が直接操作することはほとんどなく、OS に組み込まれてその機能の一部として振舞うようにできています。

OS

アプリケーションには、実にさまざまな種類がありますが、OS はそれほど多くありません。主な OS には次のようなものがあります。

• OSの種類

分類	名前	説明
パソコン用OS	Windows	現在もっとも広く普及している、パソコン用のOS。Microsoft社によって開発・販売されている
パソコン用OS	macOS	Apple社のパソコン用のOS。Windowsよりもシェアは低いが、デザイナーやミュージシャンによって愛用されている
パソコン用OS	Linux	フィンランドの大学生（当時）のリーナス・トーバルズ氏によって開発されたUNIXという古いOSをベースに作ったOS。「リナックス」もしくは「ライナックス」などと呼ばれる。オープンソースという特殊な方法で開発・配布されている
スマートフォン・タブレット用OS	iOS／iPadOS	Apple社のiPhone、iPadのためのOS。音声によるユーザーインターフェースであるSiri（シリ）など、先進的な技術を導入するなど、先進的なOSとして知られている
スマートフォン・タブレット用OS	Android	検索エンジンのGoogle社によって開発されたOS。さまざまな会社のスマートフォンやタブレットで利用されている

原則的に、同一の OS であれば、同一のアプリケーションが利用可能です。例えば、Android のスマートフォンはさまざまなメーカーから発売されていますが、異なるメーカーの Android のスマートフォンでも同一のアプリケーションを利用できます。

逆に、OS が異なると同一のアプリケーションは使えません。macOS 用のアプリケー

ションを Windows で利用できませんし、その逆についても同様です。

● OS の働き

　OS にもいくつかの種類があり、画面の見た目や搭載されている細かな機能に違いがあります。しかし、ユーザーやアプリケーションとハードウェアの仲介役をするという点においては、共通する役割があります。コンピュータの発展とともに OS も進化し、役割は非常に多岐にわたるようになりましたが、ここではその中でも基本的な役割について説明します。

◎ 周辺機器の制御

　キーボードやマウス、ディスプレイなどは**周辺機器（しゅうへんきき）**と呼ばれます。OS はこれらを監視し、正常に動作しているかどうかをチェックしています。周辺機器にトラブルが発生していたり、デバイスドライバがインストールされておらず周辺機器を OS が認識できなかったりする場合などは、ユーザーに対して警告を発するなどの働きをします。

◎ ユーザーインターフェースの提供

　ユーザーインターフェースとは、コンピュータの分野においてユーザーとコンピュータの接点といった意味を持ちます。具体的には、コンピュータや OS をユーザーがどのようにして操作するか、といった方法のことです。コンピュータのユーザーインターフェースには主に **GUI** と **CUI** の 2 種類があります。

　コンピュータに関する情報を、グラフィックを多用して視覚的に表示し、それを利用してユーザーがコンピュータの操作を行えるようにしたユーザーインターフェースを **GUI（Graphical User Interface）**といいます。スマートフォンやタブレットの画面をタップして操作したり、パソコンでマウスを使って画面上のアイコンをクリックしたりすることによって、視覚的にコンピュータを操作することがこれにあたります。

　それに対し、キーボードからの文字列入力のみでユーザーがコンピュータを操作するユーザーインターフェースを **CUI（Character User Interface）**といいます。初期の OS である UNIX や MS-DOS では、CUI でしかコンピュータを操作することができませんでした。

　現在では、さらに、音声による操作など、さまざまなユーザーインターフェースが追加されるようになりました。

◉ ソフトウェアの管理

コンピュータ上では、テキストエディタや Web ブラウザなどさまざまなソフトウェアを同時に動作させることができます。それを可能にすることも OS の役割です。また、ソフトウェアのインストールやアンインストール、起動しているソフトウェアの確認を OS の機能によって行うことができます。

なお、インストールとは、コンピュータでソフトウェアを使用可能な状態にすることであり、アンインストールとは、コンピュータ上からソフトウェアを削除することを指します。

◉ コンピュータ上のデータ管理

コンピュータの内部には、ソフトウェアそのものや、ソフトウェアを使って作成されたデータやソフトウェアそのものなど、さまざまなデータが存在します。これらはコンピュータ上では**ファイル**として扱われます。このファイルも OS によって管理されています。

1-3 プログラミング言語

- プログラミング言語とは何かについて学ぶ
- さまざまな種類のプログラミング言語を知る
- プログラムの仕組みを理解する

プログラミングとプログラミング言語

コンピュータを制御するには、どのように仕事や作業をするかを教える必要があります。この一連の作業のことを、**プログラミング（programming）** といい、それを行うために必要な言葉を、**プログラミング言語** といいます。プログラミング言語にはさまざまな種類が存在し、さまざまなソフトウェアを作ることができます。本書で解説する PHP もその中の 1 つです。

PHP 以外のプログラミング言語には次のようなものがあります。

● PHP以外の主要なプログラミング言語

言語名	特徴
C言語	OSやミドルウェアなどの開発によく用いられる。省メモリでハイスピードのソフトウェアを開発できる
C++	C言語をさらに拡張した言語。オブジェクト指向という考え方に対応している
C#	C言語をベースに開発されたオブジェクト指向言語。Microsoft社によって開発された
Java	C++をベースにして開発され、現在Oracle社によって公開されている、Androidなどで使われている言語
Swift	Apple社が独自に開発した言語。iPhoneやiPadのアプリ開発に用いられる
Ruby	日本人のまつもとゆきひろ氏によって開発された言語。Ruby on RailsでWebアプリを作る際によく用いられる
Python	人工知能や機械学習などの分野で用いられる言語

プログラミング言語の役割

◎ マシン語と高級言語

コンピュータを動作させるには、コンピュータに理解できる言葉で命令をする必要があります。

とはいえ、コンピュータ、厳密にいうと CPU が直接理解できるのは、<u>マシン語（機械語）</u>と呼ばれる極めてわかりづらい言語です。<u>この言語の命令は 0 と 1 の数値の羅列であり、人間にとっては非常に難解です。</u>そのうえ、マシン語は <u>CPU の種類が異なるとまったく異なるマシン語が用いられます</u>。パソコンなどで利用されているインテルの Core i シリーズと、スマートフォンなどで使われている ARM とでは、まったく系統の異なるマシン語が用いられています。

そこで考え出されたのが、<u>高級言語（こうきゅうげんご）</u>という人間が理解しやすい言語です。PHP や前述したさまざまなプログラミング言語は、高級言語の一種であり、これらの言語で書かれたプログラムは<u>マシン語に変換されて実行されます</u>。

◎ コンパイラとインタープリタ

高級言語で作成したプログラムをコンピュータで実行するためには、マシン語に変換する必要があります。変換する方法には大きく分けて、<u>コンパイラ</u>と呼ばれるものと、<u>インタープリタ</u>と呼ばれる方法があります。

これらの違いは、高級言語で書かれたプログラム（ソースコード）を機械語に変換するプロセスの違いにあります。コンパイラは、一度にすべてのソースコードをマシン語に変換（コンパイル）し、変換後のプログラムを動かすという方式です。それに対し、インタープリタはソースコードを翻訳しながら実行するという構造になっています。

コンパイラは、コンパイル作業に時間がかかるものの、すべてが一括変換されるため実行速度が速く、インタープリタは、コンパイル作業は要らないものの、変換作業を行いながらの実行になるため、速度はコンパイラに劣るといわれています。

<u>なお、PHP はインタープリタで実行するインタープリタ型言語です</u>。

● コンパイラとインタープリタ

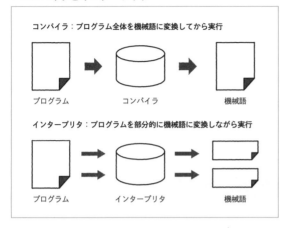

参考

PHP はインタープリタ型言語です。

スクリプト言語

　PHP は**スクリプト言語**とも呼ばれます。スクリプト言語には厳密な定義があるわけではありませんが、プログラミング言語のうち、プログラムの記述や実行を比較的簡易に行うことができる言語の総称です。多くの場合、スクリプト言語はインタープリタ型言語であり、コンパイラ型言語に比べて実行までの処理の手間がかからないという特徴を持っています。また、ほかのプログラミング言語に比べると、習得が比較的容易であるとされています。

　PHP はスクリプト言語として知られていることから、ソースファイルのことをスクリプトファイル、プログラムのことをスクリプトと呼びます。

PHP の特徴

- Web アプリケーションの仕組みについて理解する
- PHP の特徴について学ぶ
- PHP で何ができるかを知る

● Web アプリケーション

WWW の仕組みができあがったときには、Web ブラウザで閲覧できるのは HTML で記述された静的 Web ページだけでした。しかし近年は、Web を利用した検索エンジンやネットバンキング、SNS などのさまざまなアプリケーションが利用できるようになりました。

このように、Web 上で実行できるアプリケーションのことを **Web アプリケーション**、もしくは **Web アプリ**といいます。Web アプリは通常の Web サーバの上にアプリケーションを実行する仕組みを組み込んでいます。

またこのように動きのある Web サイトのことを静的 Web ページに対し、**動的 Web ページ**と呼びます。

◉ Web アプリの仕組み

動的 Web ページは、リクエストが Web サーバに送られるまでは静的 Web ページと同じですが、そのリクエストをもとにサーバ上で PHP などで記述されたプログラムが起動し、結果を HTML 文書でレスポンスします。

つまり、動的なページでは、ページを操作しているユーザーの条件次第でサーバがその条件にあった処理を行い、その処理結果をもとに生成された Web ページが表示されます。そのため、ユーザーの指定する条件により内容が変わる点が静的な Web ページと大きく異なります。

このようなサーバ側（サーバサイド）でのプログラムを記述するために作られた言語として代表的なものが PHP なのです。

● Webサーバの仕組み（動的Webページの場合）

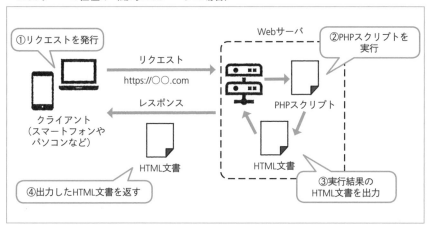

◉ JavaScript

なお、Web アプリを記述するための言語はサーバサイドばかりではありません。HTML の中に埋め込んで、Web ブラウザ上（フロントエンド）で動作する **JavaScript（ジャバスクリプト）** と呼ばれる言語も存在します。JavaScript は Web ブラウザ上で HTML を操作したり、サーバとの通信処理などを行います。

現在ほとんどの Web アプリは、このフロントエンドと PHP のようなサーバサイドの連携によって動作しています。

本書ではターゲットをサーバサイドの PHP に絞って説明をしますが、一旦 PHP を学習してしまえば、フロントエンドの JavaScript を学習することはさほど難しくはないでしょう。

● PHP の特徴

数あるプログラミング言語の中での PHP の特徴は、Web アプリの開発に特化しているという点にあります。例えば、Java は Web アプリの開発ばかりではなく、スマートフォンアプリの開発にも利用できます。

しかし、PHP はあくまでも Web アプリの開発に特化した言語であり、そのほかの用途で使うことはできません。その代わり、ほかの言語に比べて文法がシンプルで、プログラミング初心者にも比較的学びやすいという特徴があります。

セキュリティ面で脆弱な部分があるという欠点もありますが、これも Laravel（ラ

ラベル）など、Web フレームワークと呼ばれる枠組みを利用することによって克服できます。セキュリティを強化した Web アプリを作りたい場合は、PHP をひととおり学んだあとに Web フレームワークについての学習をお勧めします。

PHP 5 から PHP 8 へ

PHP の歴史は長く、過去何度もバージョンアップしています。現在は、バージョン 8（PHP 8）が使われています。

過去 10 年近くの間はバージョン 5（PHP 5）が主に使われており、バージョン 6 はスキップされてバージョン 7（PHP 7）に移行しました。PHP 5 が長く愛用される中で、PHP 6 で追加・変更される予定だった機能が、PHP 5 のマイナーバージョンアップで実施されてしまい、PHP 6 のバージョンアップはスキップ扱いになっています。

◉ PHP 5とPHP 7以降の違い

PHP 5 と PHP 7 以降では、文法面で基本的な違いはあまりありませんが、PHP 5 で非推奨であった関数の中に、PHP 7 以降では使用できなくなったものがあります。過去に PHP 5 で書かれたプログラムを利用する場合は、注意が必要です。また PHP 7 は、PHP 5 に比べて、実行速度などで約 2 倍のパフォーマンス向上が期待できます。PHP 8 では、さらにそれ以上の処理速度の向上が実現されています。

なお、本書のサンプルプログラムは PHP 7 以降を対象として説明しているため、<u>**PHP 7、PHP 8 のどちらでも利用可能です。**</u>

重要

・PHP 5 と PHP 7 以降に基本的な文法の違いはない
・PHP 7 以降では、PHP 5 で非推奨になっていた関数が使えなくなっている

● LAMP

Web アプリを開発する上で必要なソフトウェアの組み合わせで、もっとも代表的なものが、**LAMP（ランプ）** と呼ばれるものです。これはもともと、Linux、Apache、MySQL、PHP という言葉の頭文字をとったもので、人気の高いオープンソースソフトの組み合わせです。

現在ではさらに意味が拡大され、OS に Linux、Web サーバに Apache、データベースに MySQL か MarineDB、プログラミング言語に PHP か Perl または Python を使ったシステムのことを指します。

データベースとは、データを保存、整理、検索できるシステム（仕組み）のことです。データベースには、Web アプリで使用するデータを保存します。本書では 7 日目で、MySQL を利用した Web アプリを作成します。

◉ SQLとリレーショナルデータベース

SQL（エスキューエル） とは**リレーショナルデータベース（RDB）** を操作するための言語です。

リレーショナルデータベースとは、表形式でデータを管理するタイプのデータベースで、データを保存したり、検索したりする際に利用します。データベースの中には、数万・数百万件ものデータが保存されており、SQL を使うことで効率的に操作をすることが可能なのです。

SQL は国際標準化されているため、さまざまなデータベースで利用できます。有名なデータベースとしては、Oracle、MySQL、MarineDB、PostgreSQL、SQLite といった製品があります。ただし、製品ごとに異なる点があるため、必ずしもすべての製品で同じ SQL が使えるとは限りません。

この中でも特に MySQL（マイ・エスキューエル）は世界中の多くの企業が使用しているオープンソースのデータベース管理システムです。大容量のデータも高速に動作を行えるため、レンタルサーバや検索エンジンでも使用されています。

● CRUD

Web アプリの基本的な仕組みを **CRUD（クラッド）** といいます。

CRUD とは、Web アプリに限らずプログラミングでアプリを作る際の 4 大機能の頭文字を取ったもので、それぞれには次のような意味があります。

- C：登録機能（Create）
- R：読出機能（Read）
- U：変更機能（Update）
- D：削除機能（Delete）

Web アプリの典型といえるのが掲示板ですが、掲示板ではまず、掲示板のデータベースに対して書き込み（Create）を行い、その投稿内容を閲覧（Read）します。場合によっては投稿内容の変更（Update）もしくは削除（Delete）を行います。

基本的に <u>Web アプリの機能は CRUD の 4 つのいずれかに該当します</u>。

◉ LAMP環境におけるサーバサイドの処理の流れ

掲示板を例に、LAMP を利用した Web アプリがどうやって動作するかを簡単に説明しましょう。

- LAMP環境のWebアプリの仕組み

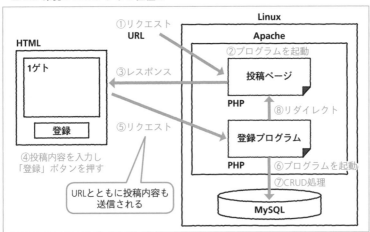

●リクエストの生成と PHP プログラムの起動

　最初の外部からのリクエストが Web サーバ（Apache）に伝わり、Web サーバはこれをもとに適切な PHP プログラムを起動します（①）。

　例えば、リクエストの内容が掲示板への投稿であれば、投稿ページのプログラムを起動します（②）。

●結果をレスポンスする

　すると、レスポンスとして投稿ページの HTML が得られるため、それが Web ブラウザに表示されます（③）。

● PHP プログラムによる CRUD 処理

　投稿ページで文章を記述し投稿ボタンを押す（④）と、その内容はリクエストとして登録プログラムに送られて（⑤）登録プログラムが起動します。（⑥）

　そのプログラムによって投稿内容がデータベース（MySQL）内に登録（Create）されます（⑦）。

●元のページに戻る

　CRUD 処理が終わったら、再び投稿ページにページ遷移（リダイレクト）し、投稿した内容が表示されます（⑧）。

　ここで取り挙げたのは登録のケースだけですが、変更や削除でも基本の流れは変わりません。

　以上が Web アプリの基本的な仕組みですが、本書では、LAMP のうち Apache と MySQL を使って PHP のプログラムを開発する方法について学習します。Apache と MySQL と PHP は、MAMP（26 ページ）に含まれているものを使用します。

2 プログラミングの基本的な考え方

- 特定の言語に依存しないプログラムの構造について理解する
- アルゴリズムはフローチャートで記述できることを理解する
- データ構造はデータを格納する仕組みであることを理解する

2-1 アルゴリズムとデータ構造

POINT

- プログラミングの骨組みとなるアルゴリズムについて理解する
- データを取り扱う基本となるデータ構造について理解する
- アルゴリズムとデータ構造の組み合わせの重要性について理解する

● プログラミングと料理の共通点

例えば、あなたがはじめてカレーを作るとします。その際、レシピを参考に調理をするはずです。レシピとは、大きく分けて「使用する材料の情報」と「調理の手順」で構成されます。カレーの場合、肉、野菜、カレー粉などの材料を用意し、それらを切ったり、加熱したりすることで料理を完成させます。

コンピュータの世界において、「使用する材料の情報」を「**データ**」、「調理の手順」を「**アルゴリズム**」と呼びます。プログラミングは与えられたデータをもとに、何らかの処理を行うという意味では、料理と非常に似ています。

コンピュータの世界におけるアルゴリズムとデータというのは、プログラミングの「レシピ」に相当し、車の両輪のように互いに切っても切り離せないものです。

● データとアルゴリズムの例

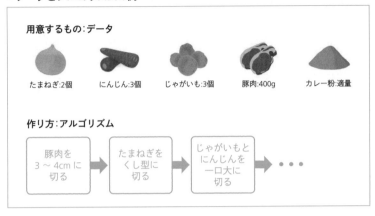

◉ **アルゴリズムの重要性**

　カレーの材料がわかっても、調理する手順がわからなければ作ることができないように、**プログラムもまたアルゴリズムがわからなければ作ることはできません。**

　しかし、アルゴリズムを自分で考え出すことは、非常に難しいものです。幸いなことに、コンピュータが世に出てから今に至るまで、先人たちによって多くのアルゴリズムが作成されてきました。私たちはこれらを組み合わせれば、どんなプログラムでもだいたい作れるようになっています。

● 問題解決方法としてのアルゴリズム

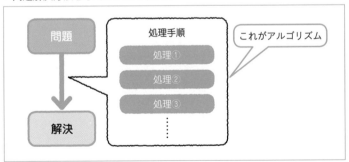

　これは将棋や囲碁の「定石」に似ています。多くの定石を知っていれば、対局が有利になるように、プログラマーはアルゴリズムを多く知っていれば、より多くの問題をスムーズに解決することが可能になります。**よいプログラマーになるためには、アルゴリズムの学習が不可欠**です。

● データ構造とは

　レシピにおける材料の種類とその量が「データ」にあたることはすでに説明したとおりです。では、「データ構造」とは何でしょう?　先に結論をいうと、**データ構造とは、大量のデータを効率よく管理する仕組みのこと**をいいます。料理の例でいうのなら、コース料理を作る場合、その料理は「肉料理」「魚料理」「デザート」などといった、カテゴリーごとに分割したり、系統立てたりします。このように、必要な処理においてデータに構造を与え、処理をしやすくするという考え方がデータ構造です。

◉ データ構造の例

　具体例として、学校における学生管理システムを作成する場合を考えましょう。通常、学校には非常に多くの生徒がいますが、名前だけで管理するのは大変です。そこで、生徒に学籍番号や、学年、クラスなど、学生を特定するためのさまざまなデータを付加します。

● 学校における例

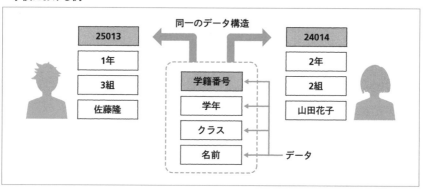

　住所の管理方法である郵便番号は 7 桁の数値で、最初の 1 桁が都道府県を、2 桁目から 3 桁目で市町村、最後の下 4 桁で地域を限定するといった構造になっています。これも、立派なデータ構造であるといえます。このように、日常生活の中で、データ構造は非常によく使われています。

●郵便番号における例

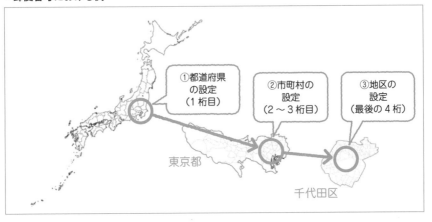

● フローチャート

フローチャートとは、フロー（流れ）の図（チャート）という意味で、アルゴリズムを記述するための図として、長い間愛用されてきました。

複数のダイアグラムを矢印によって結び付け、それによってアルゴリズムの処理の流れを記述します。フローチャートの代表的な構成部品（ダイアグラム）は、次のとおりです。

● フローチャートの構成部品

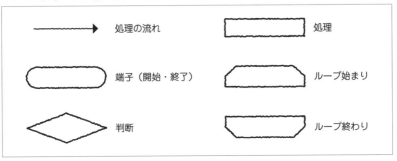

例えば、これを利用して「1 ～ 10 の乱数（ランダムな数字）を発生させ、その値が 5 以上ならその値の数だけ、"HelloWorld" という文字列を表示する」プログラムのアルゴリズムは、次のように表します。

● フローチャート

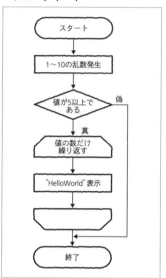

　この図を見てもわかるとおり、入力された値が5以上であれば、その数だけ文字列を表示し、そうでなければプログラムが終了することがわかります。このように、フローチャートとは、プログラムを記述する上で非常に便利なツールです。

アルゴリズムの三大処理

　アルゴリズムには、もっとも基本となる処理である、次の3つの処理があります。

◎ 順次処理（じゅんじしょり）

処理を記述した順番に実行します。

● 順次処理のフローチャート

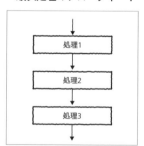

◉ 分岐処理（ぶんきしょり）

条件により処理の流れを変えます。

* 分岐処理のフローチャート

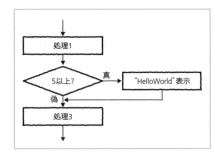

◉ 繰り返し処理（くりかえししょり）

条件が成立する間、処理を繰り返します。

* 繰り返し処理のフローチャート

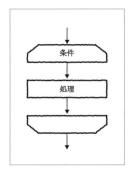

　すべてのアルゴリズムは、必ずこの３つの処理の組み合わせで構成されています。このように、この３つの処理を組み合わせてプログラムを設計する方法論のことを、**構造化プログラミング**と呼びます。

3 PHPの基本的なスクリプト

- 簡単なPHPのスクリプトを入力・実行してみる
- PHPの文法の基本的な仕組みを理解する
- HTMLとPHPの組み合わせについて理解する

3-1 簡単なスクリプトの入力

- 簡単なPHPのスクリプトを入力する
- 動作結果をブラウザで確認する

● PHPの簡単なスクリプトを入力してみる

　ここからPHPでのプログラミング学習を開始することにしましょう。1日目では「sample1-1.html」というファイルをhtdocsフォルダの直下に置きました。学習を進めていくにつれファイルが増えるため、htdocsフォルダの直下に、「chapter ○」という名前のサブフォルダを作って、ファイルを整理することにしましょう（○には何日目であるかの数字を入れる）。

◎ サブフォルダを作る

　まず、画面左上の［新しいフォルダー］をクリックします。すると、フォルダ名が入力できるようになります。

● 新しいフォルダの作成

❶［新しいフォルダー］をクリック

ここに「chapter2」と入力し Enter キーを押すとフォルダが完成します。

● フォルダの名前を入力

❷フォルダ名を入力（ここでは「chapter2」）し、Enter キーを押す

これで新しいフォルダの完成です。**2 日目のサンプル及び例題のスクリプトはすべてこのフォルダ内に作成していきましょう。**

● 新しいフォルダの完成

新しいフォルダが追加される

◉ phpファイルの作成

では、完成したこのフォルダ内に php ファイルを作ってみることにしましょう。

作成した「chapter2」フォルダが選択された状態で［新しいファイル］をクリックし、ファイル名として「sample2-1.php」を入力して Enter キーを押してください。

● サブフォルダ内に「sample2-1.php」ファイルを作成

sample2-1.php という名前のファイルが作成され、次のような状態になります。

なお、php ファイルの拡張子は大文字でも小文字でも構いません。本書では小文字で統一します。

● phpファイルを追加

スクリプトの入力と実行

次に PHP のスクリプトを入力し、実行結果を確認してみましょう。

◉ スクリプトの入力

次のように PHP スクリプトを入力してみてください。

sample2-1.php
```
01 <?php
02     echo "Hello PHP";
03 ?>
```

「<?php」のあとに改行を入れ、Tab キーもしくは Space キーを 4 回を押して**インデント（字下げ）**を入れたのち、「echo "Hello PHP";」と入力し Enter キーで改行します。最後に「?>」を入力したら、ファイルを保存してください。

入力をすると HTML の場合と同様にスクリプトが自動的に色分けされます。

● スクリプトが入力された状態

```
(G)   実行(R)   ターミナル(T)   ヘルプ(H)        sample2-1.php - htdocs - Visual Stu

  🐗 sample2-1.php  ✕

  chapter2 > 🐗 sample2-1.php
    1   <?php
    2       echo "Hello PHP";
    3   ?>
```
> Tab キーもしくは Space キーを4回を押してインデントする

◉ 実行結果の確認

では、このスクリプトの実行結果を確認してみることにしましょう。**MAMP の起動を確認**し、Apache サーバが起動している状態で、Web ブラウザに次の URL を入力してください。

● sample2-1の実行を確認するURL

localhost/chapter2/sample2-1.php

• スクリプトの実行結果

> 🔵 localhost/chapter2/sample2-1.ph ×　+
>
> ←　→　C　ⓘ localhost/chapter2/sample2-1.php
>
> Hello PHP

◉ **スクリプトの処理の流れ**

　PHP のスクリプトは、「<?php」からはじまり、「?>」で終わります。なお、「<?php」を**開始タグ**、「?>」を**終了タグ**といいます。この中に記述されたどの処理も原則的には上から下に向かって実行されます。ここでは「echo」という命令が 1 行だけ記述されています。

　「echo」は Web ページに文字を表示（出力）する PHP の命令です。文字列を表示する際には、**"（ダブルクォーテーション）**で文字列を挟みます。このサンプルでは、「Hello PHP」という文字列を表示しています。

　echo と「"」の間にスペースを入れます。命令の終わりには ;（セミコロン）を付けます。

• スクリプトの処理の流れ

Web サーバがスクリプトを処理する仕組み

　次は、PHP のスクリプトが Web サーバでどのように動作するかを説明します。

　1 日目で説明したように MAMP の中にある Web サーバである Apache には、「localhost」という URL が割り振られており、Web サーバ内の「htdocs」フォルダがこの URL の位置に該当しています。

● ファイルの構成とURLの関係性

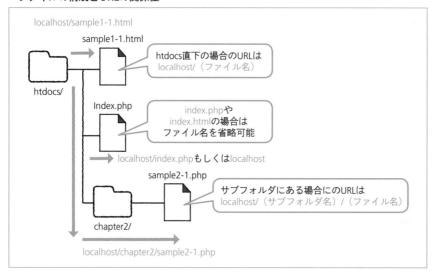

Web サーバが起動している状態で Web ブラウザの URL 欄に「localhost」と入力すると、次のような画面が表示されます。

● localhostにアクセスした場合の画面

これは、MAMP をインストールした際に、もともと同時にインストールされている「htdocs」の直下にある「index.php」が実行された結果です。

正確には「localhost/index.php」とするのが正解ですが、**htdocs フォルダの直下にある index.php もしくは index.html は省略することが可能です。**

重要 htdocs フォルダの直下にある index.html もしくは index.php は省略できます。

◉ リクエストの送信からレスポンスまで

URL に「localhost/chapter2/sample2-1.php」と入力すると、__Apache にリクエストが送られます__。Apache はこれを受けて「htdocs」フォルダ直下の「chapter2」フォルダにある「sample2-1.php」を実行します。

__実行結果がレスポンスとして Web ブラウザに送信されます__。その結果、「Hello PHP」という文字列を表示させます。

● スクリプトに間違いがある場合

PHP のスクリプトに文法的な間違い（エラー）があった場合の実行結果がどうなるのか確認してみましょう。

次のスクリプトでは、わざと文法を間違えています。

sample2-2.php（文法が誤っている状態）
```
01  <?php
02      rcho "プログラミングは楽しい！";
03  ?>
```

こちらの php ファイルも Apache サーバが起動している状態で、Web ブラウザの URL に「localhost/chapter2/sample2-2.php」と入力して、実行してください。

● 実行結果

これは __sample2-2.php の 2 行目にエラーがあること__を意味しています。2 行目では「echo」が「rcho」になっています。次のようにスクリプトを修正すると、エラーが発生することなく実行できます。

sample2-2.php（文法を修正した状態）

```
01  <?php
02      echo "プログラミングは楽しい！";
03  ?>
```

● 実行結果（文法を修正した状態）

プログラミングは楽しい！

● データ型と演算

次に、文字列以外のデータ型と演算について説明します。

◉ PHPで扱えるデータ型

PHP では次の**4 種類のスカラー型**と呼ばれるデータ型で値（データ）を表現します。

● 4種類のスカラー型

名前	概要	例
論理値（bool）	論理の真（true）もしくは偽（false）の2種類の値しかない	true、false
整数（int）	整数の値	-1、100、0など
浮動小数点数（float、もしくはdouble）	小数点の付いた数値	-8.27、0.0、5.89
文字列（string）	文字列。"（ダブルクォーテーション）もしくは'（シングルクォーテーション）で囲む	"PHP"、'Hello'

◉ 演算

演算（えんざん）とは、私たちが日常的に使う「計算」という言葉とほぼ同じようなものだと思ってもらって構いません。

コンピュータで行う足し算や引き算などの計算を**算術演算（さんじゅつえんざん）**といいます。まずは簡単な算術演算を PHP で行う方法を紹介しましょう。

演算には**演算子（えんざんし）**という記号を使います。算術演算の場合、加算を表す演算子「+」と、減算を行う演算子「-」はともに私たちが日常的に使っている演算子と同じですが、**乗算と除算は私たちが使っているものと違うので注意が必要です**。

- PHPで行うことができる主な算術演算の種類

演算の種類	演算子	記述例
加算	+	5 + 3、1.2 + 4.3、10 + (-4)
演算	-	5 - 3、1.2 - 4.3、10 - (-4)
乗算	*	5 * 3、1.2 * 4.3、10 * (-4)
除算	/	5 / 3、1.2 / 4.3、10 / (-4)
剰余	%	5 % 3

では実際に、次の演算処理のサンプルを入力して、実行してみてください。

sample2-3.php

```php
01  <?php
02      /*
03          さまざまな演算を実行するサンプル
04      */
05      echo 14 + 3; # 14 + 3の計算
06      echo "<br>"; # 改行
07      echo 14 - 3; # 14 - 3の計算
08      echo "<br>"; # 改行
09      echo 14 * 3; # 14 × 3の計算
10      echo "<br>"; # 改行
11      echo 14 / 3; # 14 ÷ 3の計算
12      echo "<br>"; # 改行
13      echo 14 % 3; # 14 ÷ 3の余りの計算
14      echo "<br>"; # 改行
15      // 複数の演算の組み合わせ1
16      echo 1 + 2 * 3;
17      echo "<br>"; # 改行
18      // 複数の演算の組み合わせ2
19      echo (1 + 2) * 3;
20  ?>
```

- 実行結果

17	← 14 + 3 の計算結果
11	← 14 - 3 の計算結果
42	← 14 * 3 の計算結果
4.6666666666667	← 14 / 3 の計算結果
2	← 14 % 3 の計算結果
7	← 1 + 2 * 3 の計算結果
9	← (1 + 2) * 3 の計算結果

◉ echoによる演算結果の表示

このサンプルでは、算術演算のさまざまな演算の結果を echo で表示しています。加算の処理を見てみましょう。

先に「14 + 3」という加算が行われ、その結果の「17」が表示されます。このように、**echo では演算結果の表示を行うことも可能です。**

- echoによる演算結果の表示までのプロセス

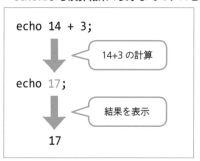

◉ 演算子の優先順位

数学では乗算と除算は加算・減算に優先するというルールがあり、これは PHP に関しても同じです。

「1 + 2 * 3」は「2 * 3」を先に計算し（①）、「1」とその結果の「6」を足し「7」を得ます（②）。

「(1 + 2) * 3」の場合、括弧内を先に計算し（①）、「3」とその結果の「3」をかけ「9」を得ます（②）。

- 演算子の優先順位

注意

・乗算・除算は加算減算に優先する
・優先順位は () で変えることができる

◉ コメント

　スクリプトの中に // や #、/* */ という記号と文章の組み合わせが出てきますが、これらは、**コメント**といいます。

　コメントはスクリプトに注釈を付けるためのもので、実行結果には何ら影響を与えません。なお、コメントの種類は次のとおりです。

● PHPで使うコメントの種類

記述方法	名前	特徴
/* */	ブロックコメント	/と、/の間に囲まれた部分がコメントになる
//	行コメント	1行のコメントになる
#	行コメント	1行のコメントになる

◉ 改行

　通常、echo で文字列を複数表示しても改行はされません。そのため、このサンプルでは改行したいところには明示的に br タグを入力しています。改行を入れないと表示結果が横並びで表示されるため、改行をいれて結果がわかりやすくなるようにしています。

● 改行処理

```
echo "<br>";
```

3-2 HTML と PHP の関係性

- HTML の中に簡単な PHP のスクリプトを埋め込んでみる
- HTML と PHP の関係性について理解する

HTML の中に PHP の処理を埋め込む

最後に、HTML の中に PHP を埋め込む方法を説明します。

次のスクリプトを入力・実行してみてください。

sample2-4.php

```
01  <!DOCTYPE html>
02  <html>
03  <head>
04      <title>1週間でPHPの基礎が学べる本</title>
05      <meta charset="UTF-8">
06  </head>
07  <body>
08      <h1>PHPをHTMLの中に埋め込む</h1>
09      <p><?php echo "これはPHPで出力した文章です"; ?></p>
10  </body>
11  </html>
```

 実行結果

> 🌐 1週間でPHPの基礎が学べる本　　　×　＋
>
> ← → C　ⓘ localhost/chapter2/sample2-4.php
>
> # PHPをHTMLの中に埋め込む
>
> これはPHPで出力した文章です

PHPのスクリプトが埋め込まれた箇所

phpファイルにHTMLを記述し、HTMLの記述にPHPのスクリプトを埋め込むことができます。

- PHPが埋め込まれた箇所

```
<p><?php echo "これはPHPで出力した文章です"; ?></p>
```

pタグの中に<?php ～ ?>が埋め込まれており、この箇所にPHPスクリプトが埋め込まれています。pタグの間には、この処理の表示結果が表示されます。

echoにより「これはPHPで出力した文章です」と表示されます。

- PHPの実行結果として得られるHTML

```
<p>これはPHPで出力した文章です</p>
```

ここではPHPの埋め込みは1箇所だけですが、複数箇所に埋め込みできます。

表示結果で得られたHTMLを確認する

ところで、このスクリプトの結果で得られたHTML文書はどのようになっているのでしょうか？　その結果はWebブラウザで確認できます。Webページ上で右クリックして表示されたメニューから［ページのソースを表示］をクリックしてください。

- ページのソースの確認

Web ブラウザに新しいタブが出現し、HTML が表示されます。

- **表示されたHTML**

```
<!DOCTYPE html>
<html>
<head>
    <title>1週間でPHPの基礎が学べる本</title>
    <meta charset="UTF-8">
</head>
<body>
    <h1>PHPをHTMLの中に埋め込む</h1>
    <p>これはPHPで表示した文章です</p>
</body>
</html>
```

● ヒアドキュメント

複数行にわたる HTML を echo で表示する場合、**ヒアドキュメント**と呼ばれる便利な方法があるのでここで紹介しておくことにしましょう。

次のサンプルを入力・実行してみましょう。

sample2-5.php

```
01  <?php
02      echo <<<DATA
03      <!DOCTYPE html>
04      <html>
05      <head>
06          <title>1週間でPHPの基礎が学べる本</title>
07          <meta charset="UTF-8">
08      </head>
09      <body>
10          <h1>PHPをHTMLの中に埋め込む</h1>
11          <p>これはヒアドキュメントで出力した文章です</p>
12      </body>
13      </html>
14      DATA;
15  ?>
```

- 実行結果

> 1週間でPHPの基礎が学べる本　　　×　　＋
>
> ← → C ⓘ localhost/chapter2/sample2-5.php
>
> # PHPをHTMLの中に埋め込む
>
> これはヒアドキュメントで出力した文章です

出力された HTML は次のようになります。

- 出力されたHTML

```html
<!DOCTYPE html>
<html>
<head>
    <title>1週間でPHPの基礎が学べる本</title>
    <meta charset="UTF-8">
</head>
<body>
    <h1>PHPをHTMLの中に埋め込む</h1>
    <p>これはヒアドキュメントで出力した文章です</p>
</body>
</html>
```

これはサンプル内の「echo <<<DATA 〜 DATA;」の間に挟まれた HTML であることがわかります。

◎ ヒアドキュメントの書式

ヒアドキュメントとは、複数行にわたる文字列を 1 つの echo 文で表示するための方法で、書式は次のようになります。

- ヒアドキュメントの書式

```
<<<(ID)

複数行にまたがる文字列

(ID)
```

このサンプルでは ID は DATA であり、<<<DATA 〜 DATA までの複数行にまたがる文字列を、1 つの文字列として扱うことができます。

そのため、このサンプルの HTML 文はすべて 1 つの echo 文で表示されます。

✏ 例題 2-1 ★ ☆ ☆

次のスクリプトは、1 から 9 の数値を表示します。

example2-1.php（修正前）

```
01  <!DOCTYPE html>
02  <html>
03  <head>
04      <title>例題2-1</title>
05      <meta charset="UTF-8">
06  </head>
07  <body>
08      <h1>数字のリスト</h1>
09      <p><?php echo "123456789"; ?></p>
10  </body>
11  </html>
```

● **修正前の実行結果**

このスクリプトの echo を増やすことなく、次のような表示を行うスクリプトに修正しなさい。なお、ファイル名は example2-1.php とすること。

● 変更後の実行結果

解答例と解説

9行目の処理を次のように変更します。

```
<p><?php echo "123<br>456<br>789"; ?></p>
```

123、456、789 の間に
 タグを埋め込みます。すると文章の途中でも改行が可能になります。結果として得られる HTML は次のようになります。

● 変更後のスクリプトから得られるHTML

```
<!DOCTYPE html>
<html>
<head>
    <title>例題2-1</title>
    <meta charset="UTF-8">
</head>
<body>
    <h1>数字のリスト</h1>
    <p>123<br>456<br>789</p>
</body>
</html>
```

練習問題

> ▶ 正解は 331 ページ

 問題 2-1 ★ ☆ ☆

echo を使って自分の名前を表示する PHP のスクリプトを作りなさい。
なお、ファイル名は prob2-1.php とすること。

● **期待される実行結果**

亀田健司 ◀━━━ 自分の名前を表示してください。

 問題 2-2 ★ ☆ ☆

PHP のスクリプトで次の計算を行いなさい。
なお、ファイル名は prob2-2.php とすること。

- 4 + 3 × (5 - 2)

● **期待される実行結果**

13

MEMO

3日目

変数／条件分岐／HTML のリストとリンク

1 変数

- ○ 変数の概念と使い方について理解する
- ○ 変数にさまざまな種類の値を代入してみる

1-1 変数とは何か

POINT

- 変数の概念と使い方について理解する
- echo で変数の値を表示する方法を学ぶ
- 変数を使った演算について学ぶ

● 変数と代入

2日目で学んださまざまな演算は、決められた値でのみ行いました。そこで、ここからは計算する値を変えられるように、**変数（へんすう）** の使い方について学んでいくことにしましょう。変数は数値や文字列など、さまざまな「値」を入れるための器のようなものです。

次の変数を使ったサンプルで説明しましょう。78 ページを参考に、「htdocs」フォルダに 3 日目用の作業用フォルダ「chapter3」を作成し、「chapter3」フォルダの中に php ファイルを作成してください。また、81 ページと同様に、Apache サーバが起動している状態で、Web ブラウザの URL 欄に「localhost/chapter3/sample3-1. php」と入力して、実行結果を確認しましょう。

sample3-1.php

```
01  <?php
02      //  変数を使った簡単なスクリプトの例
03      $a = 10;
04      $b = 2;
```

```
05      //  $cに$aと$bの和を代入
06      $c = $a + $b;
07      //  $a+$bの計算結果の表示
08      echo $a . " + " . $b . " = " . $c;
09  ?>
```

• 実行結果

```
10 + 2 = 12
```

　このサンプルは一体どのような処理が行われているのでしょうか？　順を追って説明しますので、まずは変数について理解していきましょう。

◉ 変数に値を代入

　最初に $a、$b という 2 つの変数を用意して、それぞれの変数に値を入れています。変数を用意することを**変数の定義**、変数に値を入れる処理を**代入（だいにゅう）**といいます。

• 変数に値を代入（3、4行目）

```
$a = 10;
$b = 2;
```

• 変数に値を代入するイメージ

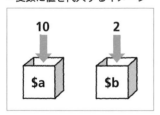

　$a には数値の 10、$b には数値の 2 を代入しています。以後、$a は 10、$b は 2 として扱えます。

◉ 変数を使った演算と結果の表示

　6 行目で $a と $b が持つ値の和を新しい変数の $c に代入しています。$a が 10、$b が 2 なので、10+2 という演算が行われ、$c に 12 が代入されます。

- 変数を使った演算（6行目）

```
$c = $a + $b;
```

- $cに$aと$bの和を代入

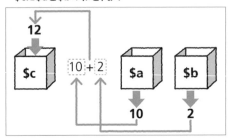

　このように、**変数には値を直接代入するだけではなく、ほかの変数の値や演算結果なども代入できます。**

重要　変数には、ほかの変数の値や演算結果などを代入できます。

◉ 結果の表示

　最後に 8 行目で演算結果を表示しています。

- 演算結果の表示（8行目）

```
echo $a . " + " . $b . " = " . $c;
```

　. （ピリオド）は**文字列演算子（もじれつえんざんし）**といい、**文字列同士を結合するときに使います。**

重要　文字列同士を結び付けるときには、文字列演算子の . （ピリオド）を使う。

　例えば、2 つの文字列を . （ピリオド）でつなげると、

```
"Hello" . "World"
```

　次のように 2 つの文字列を結合した文字列が得られます。

```
"HelloWorld"
```

　なお、文字列演算子は文字列同士だけではなく、文字列と変数の値、文字列と演算の結果を結び付けるときにも利用可能です。このサンプルでは $a、$b、$c の値と、文字列が結び付けられ、結果として「10 + 2 = 12」という文字列が得られます。

● 演算結果の表示

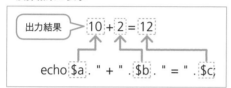

　試しに、$a と $b に入れる値を変えて、実行してみてください。それ以外の部分に変更がないにもかかわらず、実行結果が変わります。

● $aに7、$bに6を代入した場合の実行結果
```
7 + 6 = 13
```

● 変数名のルール

　ここで変数名のルールについて説明しましょう。

　PHP の変数は、$ 記号のあとに変数名が続く形で表します。変数名として使える文字は、半角アルファベット（a〜z、A〜Z）、数字、_（アンダーバー）です。また、変数名は大文字と小文字を区別するため、$a と $A は別の変数だと認識されます。

● 変数名の例
```
$a  $A  $Name  $my_address  $number1  $data_1
```

◉ 使用できない変数名

　基本的に変数名は自由に付けることができますが、**$ の次が数字の名前は付けられません**。

● 使用できない変数名の例①

$1　$123abc

　さらに、$_GET や $_POST など、PHP にあらかじめ定義されている変数名も使用できません。

● 使用できない変数名の例②

$this　$GLOBALS　$_SERVER　$_GET　$_POST　$_COOKIE　$_FILES　$_SESSION

注意

変数を利用する際には、利用可能な名前を付けましょう。

変数の値を変えてみる

　次のサンプルで、1つの変数の値を何回か更新してみましょう。

sample3-2.php

```
01  <?php
02      $hensu = 5;    //  最初の値を代入
03      echo "1回目の変数の値:{$hensu}<br>";
04      $hensu = 10;   //  値を変えてみる
05      echo "2回目の変数の値:{$hensu}<br>";
06      $hensu = $hensu + 3;  //  変数に3を足す
07      echo "3回目の変数の値:{$hensu}<br>";
08      $hensu += 3;   //  変数に3を足す
09      echo "4回目の変数の値:{$hensu}<br>";
10  ?>
```

● 実行結果

1回目の変数の値:5
2回目の変数の値:10
3回目の変数の値:13
4回目の変数の値:16

◎ 変数の展開

　このサンプルでは、2 行目で変数の $hensu に 5 を代入し、その値を表示していま
す。1 回目の表示は 3 行目で行っています。" " で囲んだ文字列の中に、{ }（中括弧）
で変数名を囲んで入れると、変数の値を表示できます。文字列の中に {$ 変数名 } を
入れて、変数の値を表示させることを**変数の展開**といいます。

- **文字列内の変数を展開する（3行目）**

```
echo "1回目の変数の値:{$hensu}<br>";
```

　変数を展開した結果、「1 回目の変数の値 :5」と表示されます。そして、最後に br
タグで改行されます。

> **重要**　echo で表示する " " で囲まれた文字列の中に {$ 変数名 } を入れると、
> 変数の値が表示されます。

　4 行目で $hensu に 10 を代入して値が更新されたことが、5 行目の表示結果でわ
かります。

◎ 演算による値の更新

　次に 6 行目の処理を見てください。

- **変数への加算処理①（6行目）**

```
$hensu = $hensu + 3;  //  変数に3を足す
```

　この処理はまず、右辺の演算「$hensu + 3」を実行します。$hensu には 10 が代
入されているので「10+3」の結果、つまり 13 が $hensu に代入されます。

- **「$hensu = $hensu + 3;」の処理**

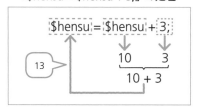

◉ 複合代入演算子

次に8行目の処理を見てみましょう。

* **変数への加算処理②（8行目）**

```
$hensu += 3;    // 変数に3を足す
```

この処理は「$hensu = $hensu + 3;」と同じ働きをするため、$hensu の値が13から16に更新されます。

このように、= 演算子とほかの演算子を組み合わせて、代入と同時に演算を行う演算子を**複合代入演算子（ふくごうだいにゅうえんざんし）**といい、次のような種類があります。

* **複合代入演算子の例**

演算子	記述例	意味	該当する演算
+=	$a += $b	$aに$bの値を加算して代入	$a = $a + $b
-=	$a -= $b	$aに$bの値を減算して代入	$a = $a - $b
*=	$a *= $b	$aに$bの値を乗算して代入	$a = $a * $b
/=	$a /= $b	$aに$bの値を除算して代入	$a = $a / $b
%=	$a %= $b	$aに$bとの剰余演算の結果を代入	$a = $a % $b
.=	$a .= $b	$aに$bの値を連結して代入（文字列として扱われる）	$a = $a . $b

● インクリメント・デクリメント

変数に 1 を足す、もしくは引くだけの処理には簡単な記述方法があります。
次のサンプルを入力し、実行してみましょう。

sample3-3.php

```php
01  <?php
02      $n = 10;
03      echo "\$n=$n<br>";
04      $n++;  //  インクリメント1
05      echo "\$n=$n<br>";
06      ++$n;  //  インクリメント2
07      echo "\$n=$n<br>";
08      $n--;  //  デクリメント1
09      echo "\$n=$n<br>";
10      --$n;  //  デクリメント2
11      echo "\$n=$n<br>";
12  ?>
```

● 実行結果

```
$n=10
$n=11
$n=12
$n=11
$n=10
```

4 行目や 6 行目のように、変数の前後どちらかに「++」を付けた処理を**インクリ
メント（increment）**といい、対象の変数の値に 1 を加えます。つまり、「$n++;」
と「++$n;」は、「$n += 1;」と同じ処理を行います。

● インクリメント

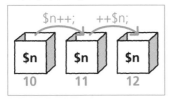

また、8 行目や 10 行目のように、変数の前後どちらかに「--」を付けた処理を
デクリメント（decrement）といい、対象の変数の値から 1 を引きます。つまり、
「$n--;」と「--$n;」は、「$n -= 1;」と同じ処理を行います。

- デクリメント

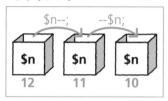

◉ 変数展開における注意点

このサンプルでは複数行で「$n= ○○」という形式で $n の値が表示されています。

- $nの値の表示

```
echo "\$n=$n<br>";
```

実はダブルクォーテーションで囲った文字列の中では、変数名を { } で囲まなくても変数の値を展開するのです。例えば、$n が 10 の場合は 10 が表示されます。

しかし、先頭部分の「$n」がそのまま表示されるのはなぜでしょうか？ それは**エスケープシーケンス**という特殊な文字を利用しているからです。

「$n」の「$」の先頭に「\」を付けるとエスケープシーケンスになり、「\$」は「$」という文字列として表示されるのです。最後に「
」で改行しています。

- エスケープシーケンス

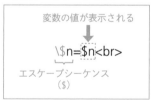

なお、このサンプルのように変数名とその変数の値の展開を共存させる場合、どちらがどちらなのか見分けがつきにくいので、変数を展開する際には必ず { } で囲むようにしたほうがよいでしょう。

このように、エスケープシーケンスは通常の文字列で表示できないような文字列を表示したい場合に使います。PHP で利用できるエスケープシーケンスは、次のようなものがあります。

- PHPで使用できる主なエスケープシーケンス

エスケープシーケンス	意味
\n	改行
\r	キャリッジリターン
\t	タブ
\\	¥文字
\$	$文字
\(	半角左カッコ
\)	半角右カッコ
\[	半角左角カッコ
\]	半角右角カッコ
\'	シングルクォーテーション
\"	ダブルクォーテーション

1-2 変数にさまざまな値を代入する

POINT

- 整数以外のさまざまな値を変数に代入して処理する
- echo の概念と使い方について理解する
- var_dump 関数、unset 関数の使い方について理解する

整数以外のさまざまな値を変数に代入する

　変数に整数以外のさまざまな値を代入してみましょう。次のサンプルを入力・実行してみてください。

sample3-4.php

```php
01  <?php
02      $variable = 0.25;        //  小数を代入
03      var_dump($variable);
04      echo "<br>";
05      $variable = "PHP";       //  文字列を代入
06      var_dump($variable);
07      echo "<br>";
```

```
08    $variable = true;        //  論理値を代入
09    var_dump($variable);
10    echo "<br>";
11    $variable = null;        //  nullを代入
12    var_dump($variable);
13    echo "<br>";
14    unset($variable);        //  unset関数で$variableを消去
15    # var_dump($variable);
16 ?>
```

● 実行結果

```
float(0.25)      ◀  $variable = 0.25のvar_dampの結果
string(3) "PHP"  ◀  $variable = "PHP"のvar_dampの結果
bool(true)       ◀  $variable = trueのvar_dampの結果
NULL             ◀  $variable = nullのvar_dampの結果
```

◎ 同じ変数にさまざまな値を代入できる

　2 行目では小数の 0.25、5 行目では文字列の "PHP" といった具合に、$variable に
さまざまな値を代入しています。このように、**1 つの変数に型の違うさまざまな値を
代入できます**。

重要

PHP では同一の変数に、型が異なる値を代入できます。

◎ var_dump関数

　var_dump は<u>関数（かんすう）</u>と呼ばれるものの一種で、( ) 内に入れた変数の型や
値の情報を返します。関数については、5 日目であらためて説明します。

● $variable変数の値と型を調べる

```
var_dump($variable);
```

　例えば、$variable が 0.25 の場合「float(0.25) 」と表示されます。これは型が
float、値が 0.25 であることを表しています。同様に "PHP" の場合は、3 文字の
string 型、true は bool 型であることがわかります。

重要
var_dump 関数は、変数の型と値の情報を表示します。

◉ nullとは

ところで、11 行目で $variable に「null(ヌル)」という値を代入しています。

この null は**型がない**特殊な値で、「**何もない**」ことを意味します。この場合、
$variable という変数自体は存在しますが、そこには値が存在しないことを表します。

用語
null（ヌル）
型がない特殊な値。値が存在しないことを意味する

◉ unset関数

最後に出てくる unset 関数は、**変数そのものを削除します。**

変数に null を代入するのとは異なり、**unset 関数を使うと変数そのものがなくなってしまいます。**

注意
unset 関数を使うと、指定した変数そのものが消去されます。

◉ コメントアウト

では、$variable がなくなったことをどうすれば確認できるのでしょうか？　実は、
15 行目の「#」を削除して実行すると確認できます。

15 行目には、コメントである #（シャープ）を付けて、# から行の終わりまでの
処理を無効化する**コメントアウト**と呼ばれる手法が使われています。

確認用のスクリプトをコメントアウトしておくことで、あとから動作確認がしやす
くなります。よく使われる手法なので、覚えておきましょう。

用語
コメントアウト
コメントにして処理を無効化すること

- 15行目をコメントアウト

```
# var_dump($variable);
```

15 行目の # を削除して、再度実行してみてください。

- 15行目の#を削除

```
var_dump($variable);
```

- 15行目の#を削除したときの実行結果

```
float(0.25)
string(3) "PHP"
bool(true)
NULL

Notice: Undefined variable: variable in C:\MAMP\htdocs\chapter3\sample3-4.
php on line 15
NULL
```

「15 行目に定義されていない変数が存在する」という意味のエラーが発生します。
これは、**15 行目の var_dump 関数の引数に指定した変数の $variable が存在しないことを意味します**。

つまり、unset 関数によって $variable が消去されたことが確認できるわけです。

- nullの代入とunset関数を利用したときの違い

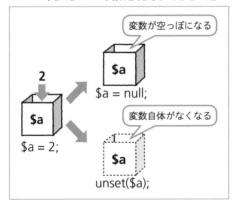

◉ ビットとバイト

　ところで、「$variable = "PHP";」である状態の var_dump 関数の表示結果が「string(3) "PHP"」となっているのですが、「3」という数字は何を表すものなのでしょう。

* 「$variable = "PHP";」のvar_dump($variable)の表示結果

```
string(3) "PHP"
```

　"PHP" は 3 文字の文字列なので、これは文字数か？　と思われるかもしれませんが、実はデータのサイズを表しています。

　コンピュータは、基本的に「0」と「1」でしか情報を表せません。「0」と「1」のどちらかでしか表現できない情報の単位を、**ビット（bit）** と呼びます。そして、このビットが 8 つ集まった単位を**バイト（byte）** と呼びます。バイトは 2 の 8 乗、つまり 256 種類の情報を取り扱うことが可能で、これが基本的にコンピュータでメモリなどの情報量を扱う単位として使われています。

* ビットとバイト

```
| 0 |  1 |   ビット（bit）：0 か1の情報
```

```
| 0 | 1 | 1 | 0 | 0 | 1 | 0 | 0 |   バイト（byte）：1バイト＝8ビット
```

　「0」と「1」のみで数値を表す表現方法を **2 進数（にしんすう）** といい、1 バイトは 0 を表す 00000000 から、255 を表す 11111111 まで、256 種類の情報を扱えます。一般的に UTF-8 では、アルファベット 1 文字の文字コードは 1 バイトで表現されるため、「string(3)」は 3 バイトの文字列のデータという意味になります。

　なお、全角日本語などの文字コードは 1 文字で 3 〜 8 バイトになるため、バイト数自体が必ずしも文字数を表すわけではない点に注意が必要です。

注意
　文字列のバイト数は必ずしも文字列の長さを表すものではありません。

例題 3-1 ★ ☆ ☆

　次の php ファイルの 14 行目に、13 行目のコメントで指示されている処理を 1 行追加し、期待される実行結果が得られるようにしなさい。

example3-1.php

```
01  <!DOCTYPE html>
02  <html>
03  <head>
04      <title>例題3-1</title>
05      <meta charset="UTF-8">
06  </head>
07  <body>
08      <h1>文字列変数へのデータの追加</h1>
09      <p>
10          <?php
11              //  $sに初期値を代入
12              $str = "Hello";
13              //  $strの末尾に"World"を追加
14
15              //  結果を表示
16              echo $str;
17          ?>
18      </p>
19  </body>
20  </html>
```

● 期待される実行結果

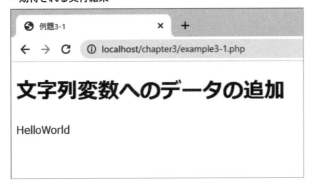

112

解答例と解説

12行目で $str に "Hello" を代入しています。そのため、文字列を追加する演算子「.」を使ってこの文字列のあとに該当する文字列を追加します。

example3-1.php

```
01  <!DOCTYPE html>
02  <html>
03  <head>
04      <title>例題3-1</title>
05      <meta charset="UTF-8">
06  </head>
07  <body>
08      <h1>文字列変数へのデータの追加</h1>
09      <p>
10          <?php
11              //  $sに初期値を代入
12              $str = "Hello";
13              //  ここに処理を追加($str .= "World";としてもよい)
14              $str = $str . "World";
15              //  結果を表示
16              echo $str;
17          ?>
18      </p>
19  </body>
20  </html>
```

なお、この部分は代入演算子を用いて「$str .= "World";」としても同じ意味になります。

2 条件分岐

- ▶ 条件分岐の概念について理解する
- ▶ if 文、switch 文の使い方について理解する
- ▶ 複雑な条件分岐について理解する

2-1 条件分岐

POINT

- 条件分岐とは何かについて理解する
- if 文の使い方を学習する
- 複雑な if 文の記述方法を学ぶ

条件分岐とは

ここまでに学習してきた PHP のスクリプトの内容は、アルゴリズムとしては順次処理にあたり、PHP のスクリプトを上から下に向かって実行するものでした。ここからいよいよ、条件によってスクリプトの流れが変わる分岐処理について学習します。条件分岐を記述するには if 文と switch 文があるので、それぞれについて学習します。

if 文の基本

まずは基本的な if 文の使い方から説明します。if 文は「もし明日晴れだったら、運動会を実施する」というような、条件によって処理を分けたいときに使います。

if 文の書式は次のとおりです。

● **if文の書式**

```
if ( 条件式 ) {

    処理 ←── 条件式が「真（true）」
            のときに実行

}
```

条件式の部分には、条件を満たす場合に true、条件を満たさない場合に false が得られる式が入ります。具体的にどのようなものなのか、サンプルをとおして説明しましょう。

重要　条件を満たすときに { } 内の処理が実行されます。

sample3-5.php

```
01  <?php
02      $a = 10;
03      echo '$aの値による処理の分岐NO1<br>';
04      // 「$aが10だったら」という条件
05      if ($a === 10) {
06          // 条件にあった場合処理をする
07          echo '$aの値は10です。';
08      }
09  ?>
```

● **実行結果**

```
$aの値による処理の分岐NO1
$aの値は10です。
```

◉ **文字列の" "と' 'の使い分け**

if 文の説明をする前に、" " と ' '（シングルクォーテーション）の使い分けについて説明しておきます。

今までは文字列の表現に " " を使っていましたが、ここでは ' ' を使っています。どちらも文字列を表すためのものですが、実は根本的な違いがあります。その違いは、文字列の中に変数がある場合の表示結果です。

- " " 内の変数は、変数が展開され値が表示される
- ' ' 内の変数は、変数名が文字として表示される

そのため、このサンプルでは、「$a」という文字列をエスケープシーケンスを使わずに表示できているのです。

● echoで表示する際の" "と' 'の違い

重要 ' 'では変数名が文字として認識されるので、$ はそのまま文字として表示されます。

◉ if文の分岐処理

このサンプルでは、if 文の条件式に「$a === 10」が設定されています。この式は、**もしも $a の値が 10 であれば true、そうでなければ false を返します**。つまり、$a の値が 10 の場合は「$a の値は 10 です。」という文字列が表示されるわけです。

「$a = 10;」の部分を変更し、10 以外のさまざまな値を代入してみてください。if 文の { } 内の処理は条件式が false になる場合、実行されないことがわかります。

● 実行結果（$aに10以外の値が代入された場合）
$aの値による処理の分岐NO1

● if文の処理のフローチャート

● else 文

　条件が成り立たないときに何らかの処理を行うには、どうすればよいのでしょうか？　そんなときに利用するのが、else 文です。

　else 文を使った書式は次のとおりです。

● else文の書式

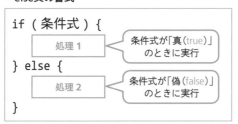

　条件を満たす場合には処理 1、そうでない場合には処理 2 が実行されます。

　さきほどの sample3-5.php の if 文を書き換えて、実行してみましょう。

sample3-6.php

```php
01  <?php
02      $a = 9;
03      echo '$aの値による処理の分岐NO2<br>';
04      // 「$aが10だったら」という条件
05      if ($a === 10) {
06          // 条件にあった場合処理をする
07          echo '$aの値は10です。';
08      } else {
09          // 条件にあっていない場合処理をする
10          echo '$aの値は10ではありません。';
11      }
12  ?>
```

● 実行結果①

$aの値による処理の分岐NO2
$aの値は10ではありません。

　$a には 9 が代入されているので、条件式「$a === 10」は false になります。そのため、else 以下の処理が実行されるわけです。

ただ、前のサンプル同様に $a に 10 を代入すると、次のようになります。

● 実行結果②

$aの値による処理の分岐NO2
$aの値は10ではありません。

● if～else文の処理のフローチャート

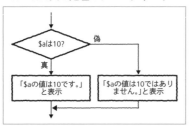

● else if 文

最後は、else if 文です。if ～ else の処理ですと、2 分岐のみですが、if else を使うことで 3 つ以上の条件分岐を記述することができます。
else if 文を使った書式は次のとおりです。

● else if文の書式

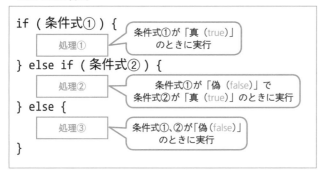

処理は次のとおりです。

- 条件式①が成り立つ場合、処理①が実行される
- 条件式①が成り立たず条件式②が成り立つ場合、処理②が実行される
- 条件式①、条件式②ともに成り立たない場合、処理③が実行される

なお、if 文と else 文はそれぞれ 1 つしか記述できませんが、**else if 文はいくつ記述しても構いません。**

重要　　if 文と組み合わせる else if 文は、複数記述可能です。

では、実際に else if 文を使ったサンプルを入力してみましょう。

sample3-7.php

```
01  <?php
02      // $aの初期値の代入（自由に値を変更してください）
03      $a = 1;
04      echo '$aの値による処理の分岐NO3<br>';
05      // if～else if～elseによる複数の条件
06      if ($a === 1) {
07          // 条件にあった場合処理をする
08          echo '$aの値は1です。';
09      } else if ($a === 2) {
10          // 条件にあった場合処理をする
11          echo '$aの値は2です。';
12      } else if ($a === 3) {
13          // 条件にあった場合処理をする
14          echo '$aの値は3です。';
15      } else {
16          // 条件にあっていない場合処理をする
17          echo '$aの値は1、2、3以外の値です。';
18      }
19  ?>
```

- 実行結果①

$aの値による処理の分岐NO3
$aの値は1です。

このサンプルでは、$a に 1 が代入されているため、このような結果になります。3 行目で $a に代入する値を 2、3、それ以外の数値と変えて結果を比較してみましょう。

- **実行結果②（$a = 2の場合）**

  $aの値による処理の分岐NO3
  $aの値は2です。

- **実行結果③（$a = 3の場合）**

  $aの値による処理の分岐NO3
  $aの値は3です。

- **実行結果③（$aの値が1、2、3以外の場合）**

  $aの値による処理の分岐NO3
  $aの値は1、2、3以外の値です。

このように複数の条件に対応できていることが実行結果からわかります。

- if～else if～else文のフローチャート

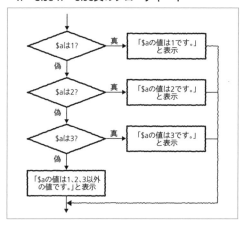

比較演算子

sample3-7.php の条件式に使用している「===」は、**比較演算子（ひかくえんざんし）**と呼ばれる演算子の一種です。左辺と右辺の値が等しければ true、そうでなければ false を返します。

比較演算子は次のようにさまざまな種類があります。

● 主要な比較演算子と使用例

意味	使用例	結果
$a == $b	等しい	型の相互変換をしたあと、$aが$bと等しい場合はtrue
$a === $b	等しい	$aが$bに等しく同じ型である場合はtrue
$a != $b	等しくない	型の相互変換をしたあと、$aが$bと等しくない場合はtrue
$a <> $b	等しくない	型の相互変換をしたあと、$aが$bと等しくない場合はtrue
$a !== $b	等しくない	$aが$bと等しくないか、同じ型でない場合はtrue
$a < $b	より小さい	$aが$bより小さい場合はtrue
$a > $b	より大きい	$aが$bより大きい場合はtrue
$a <= $b	以下	$aが$b以下の場合はtrue
$a >= $b	以上	$aが$b以上の場合はtrue

◎ ==と===の違い

「==」と「===」はともに両辺が等しいかどうかを比較しますが、一体どこが違うのだろうかと疑問に思うかもしれません。

次のサンプルでそれを確認してみましょう。

sample3-8.php

```php
<?php
    // 「10」を値とする2つの変数
    $a = 10;    //　整数としての10
    $b = "10";  //　文字列"10"
    // ==による比較
    if ($a == $b) {
        echo '$a == $bです。';
    } else {
        echo '$a == $bではありません。';
    }
    echo "<br>";
    // ===による比較
    if ($a === $b) {
        echo '$a === $bです。';
```

```
15        } else {
16            echo '$a === $bではありません。';
17        }
18    ?>
```

● 実行結果

```
$a == $bです。
$a === $bではありません。
```

このサンプルでは、$a、$b の値は「10」ですが、$a は整数、$b は文字列です。
「==」で比較した場合は型は違っても同じ「10」なので等しいとみなされますが、
「===」で比較した場合は型も含めて比較するので等しいとはみなされません。
この考え方は「!=」「<>」と「!==」の違いについても同様です。

比較演算子を使うときは意味をしっかりと理解して使い分けましょう。

注意

型変換

条件分岐で変数の型を気にせずに比較することはできないのでしょうか？　そう
いった場合は、あらかじめ型を指定したうえで、変数に値を代入しておくとよいでしょ
う。
次のサンプルを入力・実行してみてください。

sample3-9.php

```
01    <?php
02        $a = (string)10;      // 整数10を文字列に型変換
03        $b = (int)"10";       // 文字列"10"を整数に型変換
04        var_dump($a);
05        echo "<br>";
06        var_dump($b);
07    ?>
```

● 実行結果

```
string(2) "10"
int(10)
```

$a には整数 10、$b には文字列 "10" を代入しているはずです。ところが、var_dump 関数の実行結果を見ると、$a が文字列 "10"、$b が整数 10 になっていることがわかります。これは先頭に付いている (string) と (int) によるものです。このように値の先頭に (型名) を付けた処理を<u>**型変換（かたへんかん）**</u>といい、値の型を変換できます。<u>**そのため、(string)10 は文字列 "10" に、(int)"10" は整数 10 に変換されます**</u>。

あらかじめ<u>型変換をして同一の型にしておけば、データの型を気にせずに値を比較できます</u>。

switch 文

次に switch 文を使った条件分岐の記述方法について説明します。

switch 文は ( ) 内の値で処理を分岐させます。書式は次のとおりです。

・switch文の書式

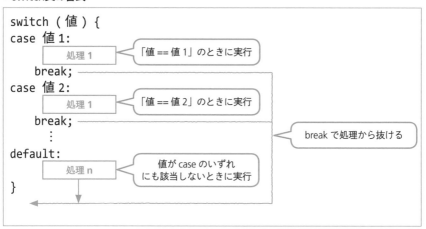

```
switch ( 値 ) {
case 値 1:
    処理 1          ← 「値 == 値 1」のときに実行
    break;
case 値 2:
    処理 1          ← 「値 == 値 2」のときに実行
    break;
    :
default:
    処理 n          ← 値が case のいずれ
                       にも該当しないときに実行
}
```

break で処理から抜ける

例えば、値が 1 の場合は「case 1:」とします。処理が終わると break で switch 文から抜けます。また、case のいずれにも当てはまらない場合の処理は、default: 以降に記述します（省略することも可能）。

それでは、switch 文を利用した処理を記述してみましょう。次のサンプルは、sample3-7.php を switch 文に置き替えたものです。

sample3-10.php

```
01  <?php
02      //  $aの初期値の代入（自由に値を変更してください）
03      $a = 1;
04      echo '$aの値による処理の分岐（switch文の場合）<br>';
05      // switchによる複数の条件
06      switch($a){
07      case 1:
08          echo '$aの値は1です。';
09          break;
10      case 2:
11          echo '$aの値は2です。';
12          break;
13      case 3:
14          echo '$aの値は3です。';
15          break;
16      default:
17          echo '$aの値は1、2、3以外の値です。';
18      }
19  ?>
```

● 実行結果

$aの値による処理の分岐（switch文の場合）
$aの値は1です。

$a が 1 の場合には、case 1 の部分の処理が実行され、「$a の値は 1 です。」と表示されてスクリプトが終了します。

このほかにも $a が 2 の場合、3 の場合、そして 1、2、3 以外の場合も試してみてください。sample3-7.php と同様の結果が得られます。

例題 3-2 ★ ☆ ☆

　水温を表す値を $temp に代入して、$temp の値で表示結果が異なるスクリプトを作りなさい。表示は次の条件で切り替え、ファイル名は example3-2.php とすること。

- $temp の値が 100 以上の場合
- $temp の値が 0 以上の場合
- $temp の値が 0 より大きく 100 未満の場合

- $tempが100以上の表示

水の温度100度
水蒸気（気体）です。

- $tempが0以下の表示

水の温度-1度
氷（固体）です。

- $tempが0度より大きく100度未満の表示

水の温度15度
水（液体）です。

 解答例と解説

　if で $temp が 100 以上かどうかを判断し、次に else if で $temp が 0 度以下かどうかの判定を記述します。

　すると、必然的に else に残るのはそれ以外である 0 度より大きく 100 度未満のケースになります。なお、if と else if の条件式は逆でも構いません。

example3-2.php

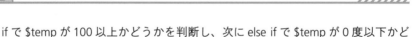

```php
01  <?php
02      $temp = 15; //  水の温度
03      echo "水の温度{$temp}度<br>";
04      //  水の温度によって処理を分岐させる
```

05   if ($temp >= 100) {
06   echo "水蒸気（気体）です。";   // 100度以上なので気体
07   } else if($temp <= 0) {
08   echo "氷（固体）です。";   // 0度以下なので固体
09   } else {
10   echo "水（液体）です。"; // それ以外なら液体
11   }
12 ?>
```

● **$tempの範囲により処理の分岐**

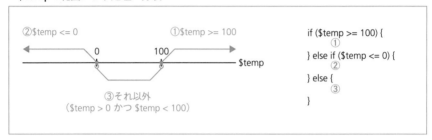
```

2-2 複雑な条件分岐

- 論理演算子を使った条件分岐について学ぶ
- if 文の入れ子構造について学ぶ

論理演算子を使った条件分岐

ここからは条件分岐の応用編です。最初は論理演算子を使った if 文を紹介します。

PHP で利用可能な論理演算には次のようなものがあります。これらは主に、if 文で複数の条件や複雑な条件を記述する場合に使います。

- PHPの論理演算子

例	名前	結果
$a and $b	論理積	$aと$bがどちらもtrueの場合、true
$a && $b	論理積	$aと$bがどちらもtrueの場合、true
$a or $b	論理和	$aまたは$bのどちらかがtrueの場合、true
$a || $b	論理和	$aまたは$bのどちらかがtrueの場合、true
$a xor $b	排他的論理和	$aまたは$bのどちらかがtrue、かつ両方ともtrueでない場合、true
! $a	否定	$aがtrueでない場合、true

論理積と論理和を使ったサンプルを実行してみましょう。

sample3-11.php

```php
01  <?php
02      //  $a、$b、$cに値を代入
03      $a = "PHP";
04      $b = "PHP";
05      $c = "Hello";
06      //  $a、$b、$cを表示
07      echo "\$a=$a \$b=$b \$c=$c<br>";
08      //  $aと$bがともに「PHP」かどうかを調べる
09      if ($a == "PHP" and $b == "PHP") {
10          echo '$a、$bともに"PHP"です。<br>';
```

```
11        }
12        //  $aと$cがともに「PHP」かどうかを調べる
13        if ($a == "PHP" and $c == "PHP") {
14            echo '$a、$cともに"PHP"です。<br>';
15        }
16        //  $aと$bのいずれかが「PHP」かどうかを調べる
17        if ($a == "PHP" or $b == "PHP") {
18            echo '$a、$bのいずれかが"PHP"です。<br>';
19        }
20        //  $aと$cのいずれかが「PHP」かどうかを調べる
21        if ($a == "PHP" or $c == "PHP") {
22            echo '$a、$cのいずれかが"PHP"です。<br>';
23        }
24  ?>
```

● 実行結果

```
$a=PHP $b=PHP $c=Hello
$a、$bともに"PHP"です。
$a、$bのいずれかが"PHP"です。
$a、$cのいずれかが"PHP"です。
```

◎ 論理積

　論理積（ろんりせき）は「A かつ B」といったように、複数の条件を満たしているかどうかの判定に使います。使う演算子は「and」もしくは「&&」です。

● 論理積（A and B）

A	B	A and B
true	true	true
true	false	false
false	true	false
false	false	false

　「A and B」とすると、A が true、B が true のときに true になり、それ以外は false になります。

　そのためこのサンプルでは「$a == "PHP" and $b == "PHP"」のみ true になり、「$a == "PHP" and $c == "PHP"」が false になります。

• 論理積の働き

```
$a = "PHP";
$b = "PHP";
$c = "Hello";

$a == "PHP" and $b == "PHP"    →    true
     true            true
$a == "PHP" and $c == "PHP"    →    false
     true            false
```

◉ 論理和

　論理和（ろんりわ）は「A もしくは B」といったように、**複数の条件のうち 1 つ以上条件を満たしているかどうかの判定に使います**。使う演算子は「or」もしくは「||」です。

• 論理和（A or B）

A	B	A or B
true	true	true
true	false	true
false	true	true
false	false	false

　「A or B」とすると、A が false、B が false 以外のときに false になり、それ以外は true になります。

　そのためこのサンプルでは「$a == "PHP" or $b == "PHP"」、「$a == "PHP" or $c == "PHP"」ともに true になります。

- **論理和の働き**

```
$a = "PHP";
$b = "PHP";
$c = "Hello";

$a == "PHP"  or  $b == "PHP"          true
     true              true
$a == "PHP"  or  $c == "PHP"          true
     true              false
```

if 文のネスト

ネストとは入れ子構造のことで、入れ子構造の if 文を **if 文のネスト**といいます。

次のサンプルを入力・実行してみてください。$m に 1 から 12 を入れるとその月（例えば、4 ならば 4 月）の日数が表示されます。

sample3-12.php
```
01  <?php
02      $m = 4; //  月を代入（さまざまな値を入力してみてください）
03      if ($m >= 1 and $m <= 12) {
04          if ($m === 2) {
05              $d = "28もしくは29";    //  2月は28日もしくは29日
06          } else if($m === 4 or $m === 6 or $m === 9 or $m === 11) {
07              $d = "30"; //  4月、6月、9月、11月の場合は30日
08          } else {
09              $d = "31"; //  それ以外の月は31日
10          }
11          echo "{$m}月の日数:{$d}日";    //  $mが1から12の場合
12      } else {
13          echo "{$m}月は存在しません";     //  $mが1〜12以外の場合
14      }
15  ?>
```

- **実行結果①**

4月の日数:30日

月を表す $m の値を変えてみましょう。1 未満、もしくは 12 よりも大きい場合、その月は存在しないというメッセージが表示されます。

- **実行結果②（$m が14の場合）**

14月は存在しません

このスクリプトの if 文の部分をフローチャートで表すと次のようになります。

- **if文のネストのフローチャート**

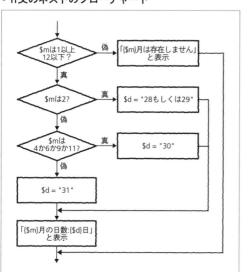

　最初の if 文で $m が月を表す整数（1 〜 12）の範囲内かどうかを調べます。範囲外の場合、else の処理である「〇月は存在しません」というメッセージを表示してスクリプトを終了します。

　$m が範囲内の数値であれば、今度は if 文内の if 〜 else if 〜 else の中で、その月の日数を $d に代入します。

　月の日数は、2 月であれば「28 もしくは 29」とし、4 月、6 月、9 月、11 月の場合は「30」とします。すると必然的にそれ以外の月が 31 日だとわかるので、この処理は else で記述します。

　このように、if 文のネストを活用すると複雑な条件分岐を記述できるのです。

3 HTMLのリストとリンク

- ● HTMLを使って箇条書きをする方法について説明する
- ● HTMLでハイパーリンクを記述する方法について学習する

3-1 HTML で箇条書きをする

- さまざまな種類の箇条書きの方法を利用する
- 同時に頻繁に利用するさまざまなタグについても学習する

● HTML の箇条書き

ここで一旦、箸休めも兼ねて HTML の勉強に戻りましょう。

Web アプリを開発するためにはさまざまなタグの種類を覚え使いこなさなくてはなりません。そこで、ここではできるだけ多くのタグの使い方を学びましょう。

まずは箇条書きについて学習します。次のサンプルを入力・表示してみてください。

sample3-13.html

```
01  <!DOCTYPE html>
02  <html>
03  <head>
04      <title>箇条書きのサンプル</title>
05      <meta charset="UTF-8">
06  </head>
07  <body>
08      <h1>箇条書きのサンプル</h1>
09      <h2>番号のない箇条書き</h2>
10      <!-- ulによる箇条書き -->
11      <ul>
12          <li>1つ目の項目</li>
13          <li>2つ目の項目</li>
```

```
14          <li>3つ目の項目</li>
15      </ul>
16      <hr>
17      <h2>番号のある箇条書き</h2>
18      <!-- olによる箇条書き -->
19      <ol>
20          <li>1つ目の項目</li>
21          <li>2つ目の項目</li>
22          <li>3つ目の項目</li>
23      </ol>
24      <hr/>
25  </body>
26  </html>
```

● 実行結果

HTML では ul、ol、li の 3 つのタグを使って箇条書き（リスト）を作ることができます。
まずはこれらのタグの基本的な使い方を解説していきます。

◉ 箇条書きの際の記述方法

<u>ul タグは番号無し、ol タグは番号ありの箇条書きを行うときに利用します。</u>箇条書きは ul と li のセット、または ol と li のセットで使います。

ul タグの場合、\<ul\> ～ \</ul\> の間に箇条書きの項目を 1 つずつ li タグで挟んで記述します。li タグは何回使っても構いません。箇条書きの項目数分だけ増やしましょう。

● **箇条書きの記述方法（liタグの場合）**

番号が付くか付かないかの違いで、考え方は ol タグでも一緒です。

● **箇条書きの記述方法（olタグの場合）**

ol タグの場合は先頭から自動的に 1、2、3……といった具合に番号が割り振られます。

なお、ul は Unordered List（順序のない箇条書き）の略、ol は Ordered List（順序ありの箇条書き）の略です。

◉ HTMLのコメント

ところで、このサンプルには箇条書き以外にも HTML に関する新しい大事な要素が出てきているので、それについても同時に学習しましょう。

1 つ目が HTML のコメントです。PHP と同様に、HTML にもコメントがあります。ただ、記述方法が PHP と違うので注意が必要です。

HTML のコメントの書式は次のように「\<!--」～「--\>」の間に記述します。

- HTMLのコメントの書式①

```
<!-- コメント -->
```

さらに次のように複数行に分けて記述することも可能です。

- HTMLのコメントの書式②

```
<!--
  コメント
-->
```

コメントに記述されたものは表示されず、HTML をわかりやすくするために利用されます。またコメントアウトを利用して、その間の HTML タグを無効化するといったような使い方も可能です。

◉ hrタグ

また、このサンプルの中には、hr タグというタグがあります。hr は「horizontal rule（水平方向の罫線）」の略で、水平の横線を引くためのタグです。HTML 内の文書や段落の区切りなどに利用します。

 ハイパーリンクの記述

POINT

- ハイパーリンクを記述する a タグの使い方について学習する
- ハイパーリンク先の記述方法を学ぶ

● ハイパーリンク

続いて、HTML でハイパーリンク（以降、リンク）を記述する方法について説明します。リンクは、ほかの Web ページへ遷移するための大変重要な要素なのでしっかり学習しましょう。

では、次のサンプルを入力・表示してみましょう。

sample3-14.html

```
01  <!DOCTYPE html>
02  <html>
03  <head>
04      <title>リンクのサンプル</title>
05      <meta charset="UTF-8">
06  </head>
07  <body>
08      <h1>リンクのサンプル</h1>
09      <!-- 外部サイトへのリンク -->
10      <p>外部サイト「<a href="https://www.impress.co.jp/">インプレス</a>」へのリンク</p>
11      <!-- ほかのサンプルへのリンク-->
12      <p><a href="sample3-13.html">sample3-13</a></p>
13  </body>
14  </html>
```

● 実行結果

　結果からわかるとおり、このページでは 2 箇所にリンクが埋め込まれています。このうち「インプレス」をクリックすると、インプレス社の Web ページへジャンプします。

● リンク先へジャンプ

　[戻る] ボタンで一旦戻り、今度は [sample3-13] をクリックすると、sample3-13.html へジャンプします。

- sample3-13.htmlへジャンプ

sample3-13.html
が表示される

◉ リンクの書式

リンクは **a タグ** を使って書きます。a タグの基本形は次のようになります。

- aタグの書式

```
<a href="リンク先の URL"> 〜 </a>
```

開始タグの中にリンク先情報

　リンク先は「https://www.impress.co.jp/」といった URL だけではなく、「sample3-13. html」といった html、php ファイルの名前で記述しても構いません。

　sample3-13.html、sample3-14.html ともに同じフォルダ内に存在するので、このような場合はファイル名だけでも十分です。

重要

リンクの記述方法は URL だけではなくファイル名でも問題ありません。

4 練習問題

 正解は 332 ページ

✎ 問題 3-1 ★ ☆ ☆

次のスクリプトは $a と $b の和と積を求める処理を行う。これに乗算と除算を行う処理を追加しなさい。

prob3-1.php（変更前）

```
01  <?php
02      //  $a、$bに値を代入
03      $a = 10;
04      $b = 2;
05      //  $aと$bの演算を行う
06      $ans = $a + $b;
07      echo "{$a} + {$b} = {$ans}<br>";
08      $ans = $a - $b;
09      echo "{$a} - {$b} = {$ans}<br>";
10  ?>
```

• **期待される実行結果**

```
10 + 2 = 12
10 - 2 = 8
10 × 2 = 20
10 ÷ 2 = 5
```

問題 3-2 ★ ☆ ☆

次のスクリプトに処理を追加して、$a の値が正の数であれば「$a は正の数です」、負の数であれば「$a は負の数です」、0 であれば「$a は 0 です」と表示するように作り変えなさい。

prob3-2.php（変更前）

```
01  <?php
02      //  数値を入れる変数
03      $a = 0;
04      //  $aの値を表示
05      echo "\$a={$a}<br>";
06  ?>
```

● **期待される実行結果①**

```
$a=10
$aは正の数です
```

● **期待される実行結果②**

```
$a=-5
$aは負の数です
```

● **期待される実行結果③**

```
$a=0
$aは0です
```

 問題 3-3 ★ ☆ ☆

sample3-12.php と同じ処理をするスクリプトを、if 文のネストを使わずに記述しなさい。

なお、ファイル名は prob3-3.php とすること。

4日目

繰り返し処理／配列／HTML のテーブル

繰り返し処理

- 繰り返し処理について理解する
- for 文、while 文、do ～ while 文の使い方を覚える
- for 文のネストについて理解する

1-1 for 文

- for 文による繰り返し処理について学習する
- for 文の 2 重ループの記述方法について学習する

繰り返し処理

　アルゴリズムのうち順次処理（じゅんじしょり）と分岐処理（ぶんきしょり）を PHP で実装する方法については、すでに学習しました。ここでは、**繰り返し処理（くりかえししょり）** について説明します。

　PHP には、繰り返し処理を実現する方法として、for 文、while 文、do ～ while 文が用意されています。

for 文

　まずは繰り返し処理のもっとも基本的な処理である、**for（フォー）文**について学んでいきましょう。for 文は、{ } で囲まれた処理を指定した条件が満たされている間繰り返します。

　繰り返し処理を**ループ処理**ということから、for 文による繰り返しを for ループとも呼びます。新たに「chapter4」フォルダを作り、次のサンプルを実行してみてください。

sample4-1.php

```
01  <?php
02      for ($i = 0; $i <= 3; $i++) {
03          echo '$iの値は' . $i . 'です<br>';
04      }
05  ?>
```

● 実行結果

```
$iの値は0です
$iの値は1です
$iの値は2です
$iの値は3です
```

◎ ループ処理の流れ

　実行結果を見ると、for 文の { } に囲まれた部分が 4 回実行されたことがわかります。しかも $i が、0 から 3 まで 1 ずつ増加しています。for 文の書式は次のとおりです。

● for文の書式

```
for (初期化処理; 条件式; 増分処理) {
    処理
}
```

　サンプルの for 文の処理内容を 1 つずつ確認していきましょう。

①初期化処理

　初期化処理は for 文の処理の最初に、一度だけ実行されます。このサンプルでは「$i = 0」となっているので、$i の値は 0 からはじまります。

● 初期化処理

```
for ($i = 0; $i <= 3; $i++) {        $i に 0 を代入
    処理
}
```

②条件判定

　次の条件式は、処理が実行できるかどうかを確かめます。if文で使う条件式と同じようなものです。このサンプルでは「$i <= 3」が条件式で、条件を満たしている間、**次の{ }内にある処理の実行に移ります**。ループの1回目は、$iが0なのでtrueとなり、{ }内に進みます。条件を満たさない場合、ループ処理は終了（⑤）します。

● 条件判定

```
for ($i = 0; $i <= 3; $i++) {
        処理
}
```

$iは0なので
条件を満たす

③処理の実行

　{ }内の処理を実行したあと、再びループの先頭に戻ります。

● 処理の実行

```
for ($i = 0; $i <= 3; $i++) {
        処理
}
```

ループの
先頭に戻る

④増分処理

　増分処理は、**{ }内の処理を実行したあとに行われます**。サンプルでは「$i++」が増分処理で、**$iの値を1増やすインクリメントであることを意味します。**

　このあと、②条件判定に戻り、条件が満たされていれば処理を実行する……という流れを繰り返していきます。

● 増分処理

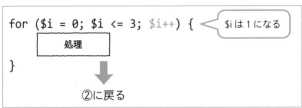

```
for ($i = 0; $i <= 3; $i++) {
        処理
}
```

$iは1になる

②に戻る

⑤ループ処理の終了

　$i が 3 より大きい数値（4 以上）となり、「$i <= 3」を満たさない状態になるとループ処理は終了します。

● forループの終了

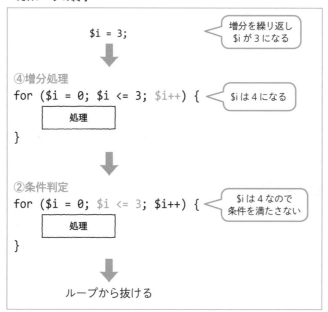

```
                    $i = 3;          増分を繰り返し
                                     $i が 3 になる

④増分処理
for ($i = 0; $i <= 3; $i++) {        $i は 4 になる

    処理

}


②条件判定
for ($i = 0; $i <= 3; $i++) {        $i は 4 なので
                                     条件を満たさない
    処理

}


            ループから抜ける
```

　あらためてまとめると、サンプルの for 文は $i=0 からはじめて、$i を 1 つずつ増加させ、$i が 3 以下ならば { } 内の処理を実行し、$i が 3 より大きくなれば、ループから抜けるという流れです。

● さまざまなfor文の記述方法

次に、for文のさまざまな記述方法を見てみましょう。サンプルの2行目を次のようにさまざまな値に変えて違いを確認してみてください。

● for文の記述方法

記述例	$i の変化	説明
for ($i = 0 ; $i < 5 ; $i++)	0 1 2 3 4	変数の値を1増加させ5になると終了
for ($i = -2 ; $i <= 2 ; $i++)	-2 -1 0 1 2	-2から2まで、値を1つずつ増加させる
for ($i = 0 ; $i < 10 ; $i+=2)	0 2 4 8	変数の値を2ずつ増加させる
for ($i = 5 ; $i >= 1 ; $i--)	5 4 3 2 1	変数の値を5から1まで1つずつ減少させる
for ($i = 2 ; $i >= -2 ; $i--)	2 1 0 -1 -2	2から-2まで、値を1つずつ減少させる
for ($i = 12 ; $i > 0 ; $i-=3)	12 9 6 3	変数の値を3ずつ減少させ0になると終了

● for 文の 2 重ループ

次に **for 文の 2 重ループ**、もしくは for 文の**ネスト**と呼ばれる処理を紹介します。この処理は **for 文の中に for 文を記述して入れ子状態にします**。

次のサンプルを入力・実行してみてください。

sample4-2.php

```
01  <!DOCTYPE html>
02  <html>
03  <head>
04      <title>sample4-2.php</title>
05      <meta charset="UTF-8">
06  </head>
07  <body>
08      <h1>九九の計算をする</h1>
09      <?php
10          for ($i = 1; $i <= 9; $i++) {
11              for ($j = 1; $j <= 9; $j++) {
12                  $ans = $i * $j; //  掛け算の結果を求める
13                  echo "{$i}×{$j}={$ans}  ";
14              }
15              // 改行
16              echo "<br>";
17          }
18      ?>
```

```
19    </body>
20    </html>
```

● 実行結果

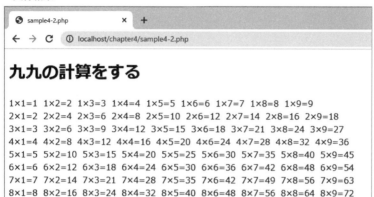

　このスクリプトでは、外側の $i のループが、内側の $j のループを繰り返しています。それぞれ、9回×9回で、81回のループを実現しています。

　外側の $i のループが最初の数、内側の $j のループが次の数を表し、それぞれ9回繰り返しています。内側のループでは $i と $j、そしてそれらをかけた値を $ans に代入し、$ans の値を表示しています。

　なお、内側のループが1周するたびに
 タグで改行されるため、このような九九の一覧が完成します。

◉ HTMLの特殊文字

　なお、echo 文の中にある「 」は**特殊文字**の一種で、半角スペース（空白）を表示するための表現です。

　例えば、HTML では「<」および「>」はタグの開始と終了を表す記号なので、そのまま文字列として表示することができません。そこで、特別な意味のある文字は「&」ではじめ、末尾に「;」を付けた特殊文字を使って表現します。

　HTML の主要な特殊文字は次のとおりです。

● HTMLの特殊文字（抜粋）

表示される文字	特殊文字の表現
半角スペース	
<	&lt;
>	&gt;
"	&quot;
&	&amp;
©	&copy;
¥	&yen;

例題 4-1 ★ ☆ ☆

PHP のスクリプトで for 文を使って「Hello」という文字を 3 回表示しなさい。
なお、ファイル名は「example4-1.php」とすること。

• **期待される実行結果**

```
Hello
Hello
Hello
```

 解答例と解説

for 文の中に「Hello」を表示する処理を記述すれば繰り返す数だけ表示されます。
改行の br タグを最後に入れるのを忘れないようにしましょう。

example4-1.php

```php
01  <?php
02      for ($i = 0; $i < 3; $i++) {
03          // Helloを表示して改行
04          echo 'Hello<br>';
05      }
06  ?>
```

繰り返し処理／配列／ＨＴＭＬのテーブル

1-2 while 文・do ～ while 文

while 文

while は「～の間」という意味があり、<u>while（ホワイル）文を使うとある条件が成り立っている間処理を繰り返します。</u>

まずは、次のサンプルを入力・実行してください。

Sample4-3.php

```php
01  <?php
02      $i = 0;
03      while ($i <= 3) {
04          echo '$iの値は' . $i . 'です<br>';
05          $i++;
06      }
07  ?>
```

- 実行結果

```
$iの値は0です
$iの値は1です
$iの値は2です
$iの値は3です
```

while文の書式

while 文は、<u>( ) 内の条件が成り立つ間は、{ } 内に記述されている処理を繰り返します。</u>書式は次のとおりです。

- whileの書式

```
whlie (条件式) {
    処理
}
```

for 文とは異なり while 文には、**増分処理や初期値を設定する処理が ( ) 内に存在せず、ほかの場所に記述する必要があります。**

2 行目で $i を 0 で初期化します。この段階で while 文の条件である「$i <= 3」は満たしているので、ループ処理に入ります。{ } 内で $i の値を表示するとともに、「$i++;」を行うことで、$i の値が増加しています。そして、$i=4 になるとループが終了します。

- whileループの仕組み

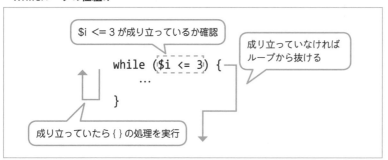

- $iと条件の関係性

$i	条件式	判定結果
1	1<=3	true
2	2<=3	true
3	3<=3	true
4	4<=3	false

● do ～ while 文

最後に <u>do ～ while（ドゥ・ホワイル）文</u>について説明しましょう。

まずは、次のサンプルを入力・実行してください。

sample4-4.php

```
01  <?php
02      $i = 0;
03      do {
04          echo '$iの値は' . $i . 'です<br>';
05          $i++;
06      } while($i <= 3);
07  ?>
```

● 実行結果

```
$iの値は0です
$iの値は1です
$iの値は2です
$iの値は3です
```

◎ do～while文の書式

do ～ while 文の書式は次のようになります。

● do～while文の書式

```
do {
    処理
} whlie(条件式); ◄─── while()のあとにセミコロンを付ける
```

do ～ while 文は**条件式の判定が後ろに付いているだけで、while 文と同じ働き**を
します。**while( ) のあとに；（セミコロン）が付いている**ので注意してください。
while 文とは異なり、一度 { } 内の処理を実行してから条件判定を行います。その
ため、do ～ while 文の処理の流れは次のようになります。

● do～while文の仕組み

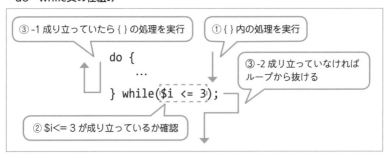

まず、条件式が成り立つか、成り立たないかを判断する前に、{ }内の処理を一度実行します（①）。

次に、while文の( )中の条件が成り立っているかを調べます（②）。

条件が成り立っていれば、{ }の先頭部分に戻り再び処理を実行します（③-1）。もし、成り立たなければ、ループから抜けます（③-2）。

◉ while文とdo〜while文の違い

while文とdo〜while文の違いを確認するために、次のサンプルを実行してみてください。

sample4-5.php

```php
01  <?php
02      $num = 5;
03      echo "繰り返し回数:{$num}<br>";
04      //  whileループによる繰り返し
05      echo "whileループによる処理:";
06      $i = 0;
07      while ($i < $num) {
08          echo "*";
09          $i++;
10      }
11      //  do〜whileループによる繰り返し
12      echo "<br>do〜whileループによる処理:";
13      $i = 0;
14      do {
15          echo "*";
16          $i++;
17      } while ($i < $num);
18  ?>
```

実行すると$numの数だけwhileループとdo〜whileループで「*」が表示されます。

- **実行結果①**

```
繰り返し回数:5
whileループによる処理:*****
do〜whileループによる処理:*****
```

この場合は、whileループとdo〜whileループの処理は同じ結果になります。しかし、2行目を「$num=0;」と変更すると結果が異なります。

153

• 実行結果② （$num = 0の場合）

```
繰り返し回数:0
whileループによる処理:
do〜whileループによる処理:*
```

while ループのほうは何も表示されませんが、do 〜 while ループのほうは 1 つだけ「*」が表示されます。

$i の値はもともと条件を満たしていないので、while 文の処理は実行されません。do 〜 while 文の場合、最初に処理を実行してから条件判定を行うため、**条件を満たしていない場合でも一度は処理が実行されるのです**。

重要

do 〜 while 文では、{ } 内の処理を行ってから条件判定を行うため、必ず一度は { } 内の処理を実行します。

無限ループ

無限ループとは、その名のとおり「際限なく繰り返されるループ」です。

while 文を使った無限ループのサンプルを実行してみましょう。

Sample4-6.php

```
01  <?php
02      while (true) {
03          echo "Hello!<br>";
04      }
05  ?>
```

実行すると、「Hello!」という文字列が表示され続けます。

• 実行結果

```
Hello!
Hello!
Hello!
以降、無限に続く
```

while 文の条件式が true になっており、無限に処理が繰り返されます。このような場合、**Web ブラウザもしくはタブを閉じなければ処理が終了しません**。

◉ break文でループから離脱

無限ループの仕組みを利用して、ある条件が成り立つまで同じ処理を繰り返すような記述もできます。

ループの処理を途中で抜けるには、<u>break（ブレイク）</u>文を使います。

sample4-7.php

```php
01  <?php
02      $num = 0;
03      while (true) {
04          echo "Hello!<br>";
05          $num++;
06          //  $numが4の場合ループから抜ける
07          if ($num === 4) {
08              break;
09          }
10      }
11  ?>
```

* 実行結果

```
Hello!
Hello!
Hello!
Hello!
```

$num に初期値として 0 を代入して、while ループ内で $num の値に 1 を足していきます。そのあと、if 文でその数値が 4 であれば break 文でループを抜け、スクリプトを終了します。このように、<u>break 文を使うとループから強制的に抜けることが可能です</u>。なお、<u>for ループでも do ～ while ループで同様に break 文を使えます</u>。

例題 4-2 ★ ☆ ☆

次の処理を while 文を使った処理に書き換えなさい。

example4-2.php（変更前）

```
01  <?php
02      for ($i = 4; $i >= -4; $i -= 2) {
03          echo "\$i={$i}<br >";
04      }
05  ?>
```

- 実行結果

```
$i=4
$i=2
$i=0
$i=-2
$i=-4
```

 解答例と解説

$i に 4 を入れる処理を while 文の前に置き、減らす処理の「$i-=2;」を while ループの最後に行うようにすれば完成です。

example4-2.php（変更後）

```
01  <?php
02      //  $iの初期値を設定
03      $i = 4;
04      while ($i >= -4) {
05          echo "\$i={$i}<br>";
06          // 減らす処理は最後に行う
07          $i -= 2;
08      }
09  ?>
```

2 配列

- 配列について理解する
- 連想配列の使用方法を学ぶ
- foreach 文と配列の組み合わせについて学ぶ

2-1 配列の基本

- 配列の概念と通常の変数との違いを理解する
- 配列に関するさまざまな処理について学ぶ

● 変数の問題点

3日目で変数に値を記憶させる方法について学びました。変数は大変便利ですが、一度に大量のデータを扱うのが不得意だという問題点があります。

例えば、複数の変数の和や平均を求める処理が必要な場合、次のようになります。

sample4-8.php
```php
01  <?php
02      //  3つの変数
03      $n1 = 5;
04      $n2 = 3;
05      $n3 = 2;
06      echo "\$n1={$n1}<br>\$n2={$n2}<br>\$n3={$n3}<br>";
07      $sum = $n1 + $n2 + $n3;  //  合計の計算
08      $avg = $sum / 3.0;        //  平均の計算
09      echo "合計:{$sum} 平均：{$avg}";
10  ?>
```

• 実行結果

```
$n1=5
$n2=3
$n3=2
合計:10 平均：3.3333333333333
```

　変数が 3 つ程度ならこれでよいのですが、値が 4 つ、5 つと増えていくと変数も $n4、$n5 と増やしていかなくてはならないため、大変不便です。

● 配列とは何か

　大量のデータを扱う際にはどうすればよいのでしょう？　このようなときに役に立つのが配列（はいれつ）です。配列は大量のデータを 1 つの変数で扱える特殊なデータ構造です。

　sample4-8.php と同じ処理を配列を使って記述してみます。

sample4-9.php

```
01  <?php
02      $n = [5, 3, 2];        //  配列
03      $size = count($n);     //  配列の大きさの取得
04      $sum = 0;              //  合計値の初期値に0を代入
05      //  配列の値を表示しながら合計を計算
06      for ($i = 0; $i < $size; $i++) {
07          $sum += $n[$i];
08          echo "\$n[{$i}]=$n[$i]<br>";
09      }
10      $avg = $sum / $size;        //  平均の計算
11      echo "合計:{$sum} 平均：{$avg}";
12  ?>
```

• 実行結果

```
$n[0]=5
$n[1]=3
$n[2]=2
合計:10 平均：3.3333333333333
```

◉ 配列の作成

配列は複数の**要素**から成り立っており、各要素は**添字（そえじ）**と値の一対のペアで構成されます。配列の値は、[ ] の中に「,（カンマ）」で区切って記述します。

● 配列の生成①

```
[値1, 値2, ...]
```

このサンプルでは、初期値として 5、3、2 という 3 つの値を持った配列を定義しています。値の数は何個あっても構いません。

◉ 配列の値へのアクセス

生成した配列は、$n に代入されています。

● 配列を変数に代入

```
$n = [5, 3, 2];
```

この処理の結果、$n にアクセスすることで配列の要素にアクセスすることができるようになります。

配列の各要素には、配列の変数名に続けて [ ] 内に添字と呼ばれる番号を入れてアクセスします。添字は 0 からはじまるため、このサンプルでは、$n が $n[0]、$n[1]、$n[2] という 3 つの要素を持つ配列になります。

● 配列$nの仕組み

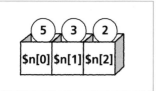

用語

添字

配列の要素を特定するための番号。配列の変数名のあとの [ ] 内に記述し、0 からはじまる

◉ 配列の長さを取得

配列の長さは count 関数で求めることができます。このサンプルでは、取得した配列 $n の長さを $size に代入しています。

● 配列$nの長さを取得

```
$size = count($n);
```

配列 $n には 3 つの要素があるため、$size には 3 が代入されます。

● 配列$nの長さを取得

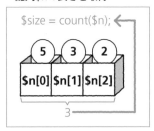

◉ 配列の値へのアクセス

最後に for ループで配列にアクセスしています。

for ループの処理で $i の値が 0、1、2 と変化すると、$n[$i] も $n[0]、$n[1]、$n[2] と変化します。これらの値をループの前に定義しておいた変数の $sum に足すと、配列の値を合計した値が得られます。

for ループ終了後、$sum を $size で割ることで、配列 $n の値の平均値が得られます。

● 配列の各要素へのアクセス

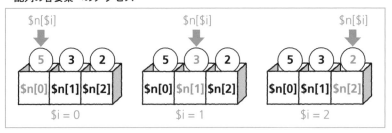

配列を使うメリット

配列の基本的な使い方を説明しましたが、配列を使った sample4-9.php は sample4-8.php よりも行数が増えてしまいました。これでは意味がない、と思われるかもしれませんが、**実は配列を使ったほうがスクリプトを柔軟に変更できるという利点があるのです。**

例えば、sample4-9.php の 3 行目を次のように変更してみます。

● **配列のサイズの変更**

```
$n = [5, 3, 2, 9, 6];
```

すると、次のような実行結果が得られます。

● **配列のサイズの変更後のsample4-9.phpの実行結果**

```
$n[0]=5
$n[1]=3
$n[2]=2
$n[3]=9
$n[4]=6
合計:25 平均：5
```

たった 1 行の変更で、5 つの値を扱えるスクリプトに変わりました。

sample4-8.php で同じことをすると、手間がかかることはいうまでもありません。このように、**配列を使うと大量にある値の操作が容易になります。**

配列の操作

配列の利点は単に大量のデータを管理できる点だけではありません。値を変更したり、新しい要素を追加・削減したりするなどさまざまな操作が可能です。

次は配列の操作について説明します。次のサンプルを入力・実行してみてください。

sample4-10.php

```
01  <?php
02      echo "(1) 配列の初期値<br>";
03      $ar = ["orange", "apple", "banana"];
```

```
04      print_r($ar);
05      echo "<br>(2) 2番目の値を「pineapple」に変更<br>";
06      $ar[2] = "pineapple";
07      print_r($ar);
08      echo "<br>(3) 配列の末尾を削除<br>";
09      array_pop($ar);
10      print_r($ar);
11      echo "<br>(4) 配列の末尾に情報を追加<br>";
12      array_push($ar, "cherry", "lemon");
13      print_r($ar);
14      echo "<br>(5) 配列の先頭の情報を削除<br>";
15      array_shift($ar);
16      print_r($ar);
17      echo "<br>(6) 配列の先頭に情報を追加<br>";
18      array_unshift($ar, "peach");
19      print_r($ar);
20      echo "<br>(7) 配列の情報を削除<br>";
21      unset($ar[2]);
22      print_r($ar);
23      echo "<br>(8) 配列の添字を振りなおす<br>";
24      $ar = array_values($ar);
25      print_r($ar);
26   ?>
```

● 実行結果

```
(1) 配列の初期値
Array ( [0] => orange [1] => apple [2] => banana )
(2) 2番目の値を「pineapple」に変更
Array ( [0] => orange [1] => apple [2] => pineapple )
(3) 配列の末尾を削除
Array ( [0] => orange [1] => apple )
(4) 配列の末尾に情報を追加
Array ( [0] => orange [1] => apple [2] => cherry [3] => lemon )
(5) 配列の先頭の情報を削除
Array ( [0] => apple [1] => cherry [2] => lemon )
(6) 配列の先頭に情報を追加
Array ( [0] => peach [1] => apple [2] => cherry [3] => lemon )
(7) 配列の情報を削除
Array ( [0] => peach [1] => apple [3] => lemon )
(8) 配列の添字を振りなおす
Array ( [0] => peach [1] => apple [2] => lemon )
```

◎ 配列の初期値を設定

まず、$ar に "orange"、"apple"、"banana" という 3 つ文字列が要素の配列を生成しています。

● 配列の生成（3行目）

```
$ar = ["orange", "apple", "banana"];
```

● 配列の生成

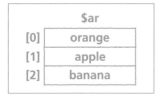

配列の中身は print_r 関数を使って表示しています。print_r 関数は ( ) に変数を入れると、その変数の値に関する情報をわかりやすい形式で表示します。

● print_r関数で表示した配列の初期値

```
Array ( [0] => orange [1] => apple [2] => banana )
```

これは、変数が配列であり、添字 0 番の値が "orange"、1 番の値が "apple"、2 番の値が "banana" であることを意味しています。

◎ 配列の要素を変更

次に、配列の要素を変更する方法について説明します。配列の要素を変更するには、$ar[0] ～ $ar[2] のうち、変更したい要素の値を直接代入すればよいのです。

● 配列の要素を変更（6行目）

```
$ar[2] = "pineapple";
```

これにより $ar[2] の値が "banana" から "pineapple" に変更されます。

● 配列の要素を変更

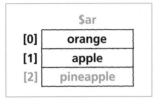

◉ 配列の末尾を削除

次に配列の末尾を消去します。配列の末尾を消去するには、array_pop 関数を使います。( )の中に配列を入れると、その配列の末尾が削除されます。

● 配列の末尾の削除（9行目）
```
array_pop($ar);
```

● 配列の末尾の削除

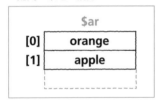

その結果、$ar には $ar[0]、$ar[1] のみが残ります。

◉ 配列の末尾に要素を追加

配列の末尾に要素を追加するには、array_push 関数を使います。

● array_push関数の書式
```
array_push(配列, 値1, 値2,···)
```

配列に追加する要素は複数あっても構いません。ただし、複数の場合には、間を「,」で区切ります。ここでは "cherry" と "lemon" という 2 つの値が追加されています。

- 配列の末尾に要素を追加（12行目）

```
array_push($ar, "cherry", "lemon");
```

これにより要素 $ar[2]、$ar[3] にそれぞれ値が追加されます。

- 配列の要素を末尾に追加

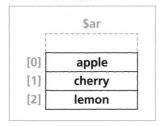

◉ 配列の先頭を削除

配列の先頭を削除するには、array_shift 関数を使います。

- 配列の先頭の削除（15行目）

```
array_shift($ar);
```

すると、もともと $ar[0] だった "orange" が削除され、残りの要素に再び 0 から添字が振りなおされます。

- 配列の先頭を削除

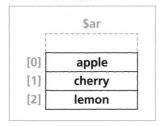

◉ 配列の先頭に要素を追加

配列の先頭に要素を追加するには、array_unshift 関数を使います。この関数は次のような書式になっています。

- array_unshift関数の書式

```
array_unshift(配列, 値1, 値2, ...)
```

array_push 関数と同様に、値は複数あっても構いません。ただし、複数の場合には、間を「,」で区切ります。ここでは "peach" という 1 つの値が追加されています。

- 配列の先頭に要素を追加（18行目）

```
array_unshift($ar, "peach");
```

- 配列の先頭に要素を追加

$ar	
[0]	peach
[1]	**apple**
[2]	**cherry**
[3]	**lemon**

◉ 配列の要素を削除

なお、配列の要素を削除するにはすでに学習した unset 関数を使います。次の処理で、$ar[2] が配列から消えてなくなります。

- 配列の要素を削除（21行目）

```
unset($ar[2]);
```

削除されたデータがなくなってしまっても、ほかの要素は添字などがそのまま残っている点に注意しましょう。

これにより、$ar は $ar[0]、$ar[1]、$ar[3] という連続性がない添字の配列になってしまいます。

- 配列の要素を削除

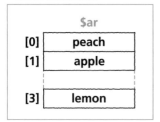

注意 unset 関数で配列の要素を削除すると、連続性がない添字の配列になる可能性があります。

◉ 添字の番号の振りなおし

配列の添字の連続性が失われると、要素へのアクセスが不便になってしまいます。

このような場合は、<u>array_values 関数で添字を振りなおした配列を新たに生成する</u><u>ることで問題を解決できます。</u>

- $arの配列の番号の振りなおし（24行目）

```
$ar = array_values($ar);
```

array_values 関数の ( ) 内に $ar を入れ、戻り値を再び $ar に代入することで、$ar[3] の値だった "lemon" が、$ar[2] の値になり、代わりに $ar[3] がなくなります。

その結果、配列 $ar の添字は 0、1、2 という 0 からはじまる連続した数値に戻ります。

- 配列の添字の番号の振りなおし

$ar

[0]	peach
[1]	apple
[2]	lemon

配列の切り取り

続いて、配列の一部を切り取る方法について説明します。次のサンプルを入力・実行してみてください。

sample4-11.php

```
01  <?php
02      echo "配列\$ar1の初期値<br>";
03      $ar1 = ["a", "b", "c", "d", "e"]; // 配列$ar1の初期値
04      print_r($ar1);
05      echo "<br>\$ar2:1番目から2つの要素を切り取り（添字の番号0から）<br>";
06      $ar2 = array_slice($ar1, 1, 2);   // 要素の切り取り①
07      print_r($ar2);
08      echo "<br>\$ar3:1番目から2つの要素を切り取り(添字の番号を保持)<br>";
09      $ar3 = array_slice($ar1, 1, 2, true); // 要素の切り取り②
10      print_r($ar3);
11  ?>
```

● 実行結果

```
配列$ar1の初期値
Array ( [0] => a [1] => b [2] => c [3] => d [4] => e )
$ar2:1番目から2つの要素を切り取り（添字の番号0から）
Array ( [0] => b [1] => c )
$ar3:1番目から2つの要素を切り取り(添字の番号を保持)
Array ( [1] => b [2] => c )
```

◉ array_slice関数

配列の切り取りには、array_slice 関数を使います。

● array_slice関数の書式

```
array_slice(配列, 開始位置, 切り取る長さ[,添字の保持])
```

最後の添字の保持には true もしくは false が入りますが、省略することも可能です。$ar2 には $ar1 の 1 番目の位置から開始して、2 つの要素を切り取って代入します。

添字の保持を省略するか false とすると、もとの配列である $ar1 から $ar1[1] と $ar1[2] を切り取った "b" と "c" が切り取られ、**添字は 0 から振りなおされます**。

- 添字を保持しない切り取り（6行目）

```
$ar2 = array_slice($ar1, 1, 2);
```

それに対し、添字の保持を true にした結果を代入した $ar3 では、$ar1[1] と $ar1[2] を切り取った "b" と "c" が切り取られる点は一緒ですが、**$ar1 の添字がそのまま使われ、$ar3[1] に "b"、$ar3[2] に "c" という要素の配列が得られます**。

- 添字を保持した切り取り（9行目）

```
$ar3 = array_slice($ar1, 1, 2, true);
```

なお、どちらのケースももとの配列 $ar1 は保持されます。

- array_slice関数の実行結果の2つのパターン

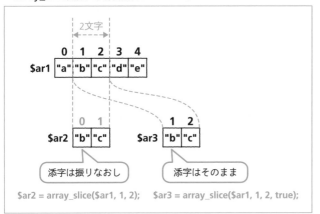

配列の結合

配列の切り取りについて説明したので、続いてその逆である配列の結合について説明します。

配列の結合のサンプルを入力・実行してみましょう。

sample4-12.php
```php
01  <?php
02      //  配列$ar1、$ar2の初期値
03      $ar1 = ["a", "b"];
04      $ar2 = ["c", "d" , "e"];
05      $result = array_merge($ar1, $ar2);    //配列を結合する
06      print_r($result);
07  ?>
```

● 実行結果
```
Array ( [0] => a [1] => b [2] => c [3] => d [4] => e )
```

◉ array_merge関数

配列の結合には、array_merge 関数を利用します。このサンプルでは、$ar1、$ar2という 2 つの配列を結合しています。結果は戻り値として得られます。

● array_merge関数で配列を結合（5行目）
```
$result = array_merge($ar1, $ar2);
```

● 配列の結合

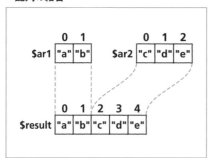

2-2 連想配列

- 連想配列の概念と使い方について学習する
- foreach 文について学習する

連想配列と添字配列

ここまで説明してきた配列は、添字と呼ばれる 0 からはじまる番号で要素を管理していました。ここからはその応用編として添字ではなく、キーで要素を管理する<u>連想配列</u>ついて説明します。

例えば、キーに「apple」を指定すると「りんご」、「banana」を指定すると「バナナ」といったような値を得られる配列が、連想配列に該当します。

これに対し、今までのように添字で管理する配列のことを<u>添字配列（そえじはいれつ）</u>といいます。

● 添字配列と連想配列の違い

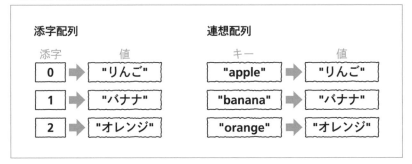

◎ 連想配列の定義

連想配列の定義は次のように行います。

● 連想配列の定義の書式

```
[キー1=>値1, キー2=>値2 , ...];
```

キーもしくは値には、文字列、数値など、どのような型を指定しても構いません。添字配列の場合は値の羅列だけで定義していましたが、連想配列の場合はキーと値の組み合わせで配列を定義します。

試しに、連想配列を定義するサンプルを作ってみましょう。

sample4-13.php

```
01  <?php
02      //  連想配列の生成
03      $a = ["apple"=>"りんご", "banana"=>"バナナ", "orange"=>"オレンジ"];
04      print_r($a);
05      //  値へ直接アクセス
06      echo "<br>" . $a["apple"];
07      echo "<br>" . $a["banana"];
08      echo "<br>" . $a["orange"];
09  ?>
```

● 実行結果

```
Array ( [apple] => りんご [banana] => バナナ [orange] => オレンジ )
りんご
バナナ
オレンジ
```

◎ 値へのアクセス

このサンプルでは、$a に生成した連想配列を代入しています。

添字配列と違い、[ ] にキーを入れると、値を取得できます。例えば、キーに "apple" を指定すると、その値である " りんご " が得られます。

● キーを使って値にアクセス

```
$a["apple"]
```

このように、キーを使うか、添字を使うかの違いがあるのみで、基本的な配列の考え方は添字配列と変わりません。

要素の追加と削除

では、続いて連想配列で要素の追加と削除を行ってみましょう。

sample4-14.php

```php
01  <?php
02      $animals = ["dog"=>"犬", "cat"=>"猫", "bird"=>"鳥"];
03      print_r($animals);
04      $animals["dog"] = "いぬ";  //  "dog"の値を"犬"から"いぬ"に変更
05      echo "<br>";
06      print_r($animals);
07      $animals["horse"] = "馬";  //  "horse"をキー、"馬"を値として追加
08      echo "<br>";
09      print_r($animals);
10      unset($animals["cat"]);     //  キー"cat"の要素を削除
11      echo "<br>";
12      print_r($animals);
13  ?>
```

• 実行結果

```
Array ( [dog] => 犬 [cat] => 猫 [bird] => 鳥 )
Array ( [dog] => いぬ [cat] => 猫 [bird] => 鳥 )
Array ( [dog] => いぬ [cat] => 猫 [bird] => 鳥 [horse] => 馬 )
Array ( [dog] => いぬ [bird] => 鳥 [horse] => 馬 )
```

連想配列の定義

このサンプルでは、要素が3つの連想配列を定義しています。

• 連想配列の定義（2行目）

```
$animals = ["dog"=>"犬", "cat"=>"猫", "bird"=>"鳥"];
```

キー	値
"dog" ➡	"犬"
"cat" ➡	"猫"
"bird" ➡	"鳥"

◉ 値の変更

さらに、次の処理によってキー "dog" の値を " 犬 " から " いぬ " に変更しています。

● 配列の値の変更（4行目）

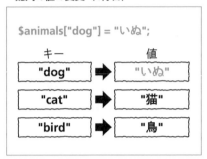

◉ 新しいキーと値の組み合わせの追加

新しいキーと値の組み合わせを追加するには、次のようにキーと値の組み合わせを使って、変数に代入することで実現できます。

● 配列への新しい要素の追加（7行目）

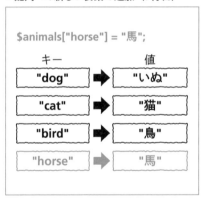

これにより、新しいキーと値の組み合わせ「 "horse" => " 馬 "」が追加され、$animals の要素数は 4 になります。

◉ 要素の削除

要素の削除は、添字配列と同様に unset 関数を使います。

● 値の削除 (10行目)

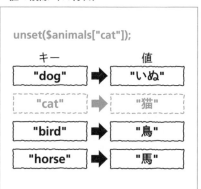

```
unset($animals["cat"]);
```

これにより、配列から「"cat"=>" 猫 "」の組み合わせが削除され、要素数は再び3 に戻ります。

● foreach 文

連想配列は、添字配列と違い、for ループで値の取得ができません。では、繰り返し処理ですべての要素を取得するにはどうすればよいのでしょうか？　その場合は、foreach（フォーイーチ）文で配列の要素を 1 つずつ順番に取り出します。

● foreach文の書式

```
foreach (変数 as 配列変数) {
    処理
}
```

では、foreach ループの簡単なサンプルを実行してみましょう。

sample4-15.php

```php
01  <?php
02      //  連想配列の場合
03      $a = ["apple"=>"りんご", "banana"=>"バナナ", "orange"=>"オレンジ"];
04      foreach ($a as $value) {
05          echo $value . "<br>";
06      }
07      echo "<br>";
08      //  添字配列の場合
09      $a = ["犬", "猫", "サル"];
10      foreach ($a as $value) {
11          echo $value . "<br>";
12      }
13  ?>
```

● 実行結果

りんご
バナナ
オレンジ

犬
猫
サル

　foreach ループの中で、配列 $a の値を 1 つずつ $value に代入して、すべての値を取得するとループが終了します。なお、foreach ループは添字配列でも同様の処理を行えます。

● foreach ループでキーと値の両方を取得する

　foreach ループは値だけではなく、キーも取得できます。

● 配列のキーと値の両方を取得する書式

```
foreach (配列変数 as 変数A => 変数B) {
    処理
}
```

　この処理を実行すると、変数 A にはキー、変数 B には値が代入されます。

それでは、foreach ループを利用して配列のキーを取得してみましょう。次のサンプルを入力・実行してみてください。

sample4-16.php

```php
01  <?php
02      //  連想配列の場合
03      $a = ["apple"=>"りんご", "banana"=>"バナナ", "orange"=>"オレンジ"];
04      foreach ($a as $key=>$value) {
05          echo $key . ":" . $value . "<br>";
06      }
07      echo "<br>";
08      //  添字配列の場合
09      $a = ["犬", "猫", "サル"];
10      foreach ($a as $key=>$value) {
11          echo $key . ":" . $value . "<br>";
12      }
13  ?>
```

● **実行結果**

```
apple:りんご
banana:バナナ
orange:オレンジ

0:犬
1:猫
2:サル
```

実行結果からわかるとおり、「キー：値」の組み合わせで表示しています。

foreach ループを使ったキーと値の取得は、添字配列でも利用できていることがわかります。**添字配列は、キーが 0 からはじまる特殊な連想配列であるといえるのです。**

3 HTMLのテーブル

- ▶ HTML の table タグの使い方について学習する
- ▶ さまざまなタイプのテーブルを作る方法について学習する
- ▶ PHP でテーブルを作る方法について学ぶ

3-1 テーブルの構造

- テーブルの概念と作り方について学ぶ
- さまざまなテーブルを作ってみる

● テーブルとは何か

　4日目の最後は、3日目と同様に再び HTML の学習に戻ります。今回はテーブルの使い方について学習します。

　テーブルとは表のことです。HTML でテーブルを作るには、複数のタグを必要とします。横1列のデータのことを**行（レコード）**といい、1つのデータのかたまりを意味します。縦1列のデータを**列（カラム）**、またそれぞれのマスを**セル**と呼び、セルに値を入れていきます。

- **テーブルの構造**

名前	性別	年齢	住所	
山田太郎	男	18	東京都	行（レコード）
佐藤花子	女	16	大阪府	
鈴木次郎	男	17	愛知県	← セル

列（カラム）

テーブルを作るのに必要なタグは次のとおりです。

● テーブルを作るのに必要なタグの一覧

タグ	役割
table	表（テーブル）を作る
tr	行（レコード）を構成する
th	セルの要素であり、表の見出しを意味する
td	データを入れるセルを作る

テーブルはこれらのタグを組み合わせて作ります。

では、実際に HTML でテーブルを作ってみましょう。次のサンプルを入力・実行してみてください。

sample4-17.html

```
01  <!DOCTYPE html>
02  <html>
03  <head>
04      <title>簡単なテーブルのサンプル</title>
05      <meta charset="UTF-8">
06  </head>
07  <body>
08      <h1>簡単なテーブルのサンプル</h1>
09      <!-- 簡単なテーブル -->
10      <table border="1" style="border-collapse:collapse">
11          <tr>
12              <th>名前</th><th>性別</th><th>年齢</th><th>住所</th>
13          </tr>
14          <tr>
15              <td>山田太郎</td><td>男</td><td>18</td><td>東京都</td>
16          </tr>
17          <tr>
18              <td>佐藤花子</td><td>女</td><td>16</td><td>大阪府</td>
19          </tr>
20          <tr>
21              <td>鈴木次郎</td><td>男</td><td>17</td><td>愛知県</td>
22          </tr>
23      </table>
24  </body>
25  </html>
```

● 実行結果

実行結果のとおり、冒頭に説明した表と同じものを作ることができます。次にこのサンプルの中身を学習していきましょう。

◎ テーブルの基本構成

基本となるテーブルの構成方法は非常に簡単です。<u>\<table\> ～ \</table\> の中に行を表す \<tr\> ～ \</tr\>、行の中にセルを表す \<th\> ～ \<th\> もしくは \<td\> ～ \</td\> を挿入します</u>。セルのタグはどちらを使っても構いませんが、一般に th タグは見出し、td タグは内容を記述するのに使用されます。このサンプルは名簿なので1行目が th タグで構成され、各カラムの内容を説明し、それ以降が td タグで中身を記述しています。

また<u>セルは、各行に列数分だけ記述します。数が合わないとテーブルの形が崩れてしまうので、気を付けましょう。</u>

注意

・tr タグは行数だけ table タグの中に配置する必要がある
・セル数は各行ごとに必要な数を記述する必要がある

◎ テーブルのデザイン設定

table タグには属性を付けて形を整えることができます。

border 属性は、テーブルの枠線の太さを表します。<u>「border="1"」とすることで、太さを1ピクセルとしています。</u>

また、style 属性では境界線の色などを設定できます。ここでは「style="border-collapse:collapse"」とすることで、枠線を1本の線に指定しています。

style 属性には、さまざまな設定があるので、興味のある方は Web サイトやほかの書籍を参照するなどして調べてみてください。このほかにも、tr タグや td タグ、th タグにも属性を付けて表のデザインを変更できます。

重要　テーブルのタグに属性を付けると、表のデザインを変更できます。

● PHP と組み合わせてテーブルを生成する

テーブルは配列の要素を表示するのに便利ですので、その方法も紹介しておきましょう。

次のサンプルは sample4-17.html を PHP の配列を使って書き換えたものです。

sample4-18.php

```
01  <!DOCTYPE html>
02  <html>
03  <head>
04      <title>簡単なテーブルのサンプル</title>
05      <meta charset="UTF-8">
06  </head>
07  <body>
08      <h1>簡単なテーブルのサンプル</h1>
09      <!-- 簡単なテーブル -->
10      <table border="1" style="border-collapse:collapse">
11          <tr>
12              <th>名前</th><th>性別</th><th>年齢</th><th>住所</th>
13          </tr>
14          <?php
15              $member = [
16                  ["山田太郎", "男", 18, "東京都"],
17                  ["佐藤花子", "女", 16, "大阪府"],
18                  ["鈴木次郎", "男", 17, "愛知県"]
19              ];
20              foreach ($member as $v) {
21                  echo <<<LOOP
22                  <tr>
23                      <td>{$v[0]}</td><td>{$v[1]}</td><td>{$v[2]}</td><td>{$v[3]}</td>
24                  </tr>
25                  LOOP;
```

```
26              }
27          ?>
28      </table>
29  </body>
30  </html>
```

実行結果は sample4-17.html と同じです。

最初に配列の $member にテーブルに入れる値を用意しています。$member は、配列の中に配列が入った入れ子構造になっており、表の各行に表示する内容が 1 つの配列になっています。入れ子構造になった配列は、多次元配列と呼ばれます。

重要 配列は入れ子構造にすることが可能です。

● 配列の中身の取り出し

foreach ループで順にアクセス

配列が成分の配列

```
$member = [
    ["山田太郎", "男", 18, "東京都"],   ← $member[0]
    ["佐藤花子", "女", 16, "大阪府"],   ← $member[1]
    ["鈴木次郎", "男", 17, "愛知県"]    ← $member[2]
];
$v = ["山田太郎", "男", 18, "東京都"];
        ↑        ↑      ↑      ↑
      $v[0]    $v[1]  $v[2]  $v[3]
```

さまざまなデータ型の値が入る配列

20 〜 26 行目の foreach ループで、配列の値を取得して表示しています。取り出された値は $v[0] 〜 $v[3] の 4 つの値を持つ配列ですが、**文字列と数値の値が混在しています。このように、1 つの配列の中に複数の型の値を入れることができます。**

重要 1 つの配列に異なる型の値を入れることができます。

ループ内では配列の中身を echo のヒアドキュメントを利用して表示しています。**ヒアドキュメントは { } の中に変数名を入れることで、その変数を表示することも可能です。**

4 練習問題

 正解は 334 ページ

 問題 4-1 ★☆☆

for 文を使って次のように★を 4 回表示するスクリプトを作りなさい。
なお、ファイル名は prob4-1.php とすること。

・実行結果

★★★★

 問題 4-2 ★★★

　次のように、1 から 100 までの素数(1 と自分自身でしか割り切れない整数) をす
べて表示するスクリプトを作りなさい。
　なお、ファイル名は prob4-2.php とすること。

・実行結果

2 3 5 7 11 13 17 19 23 29 31 37 41 43 47 53 59 61 67 71 73 79 83 89 97

問題 4-3 ★ ☆ ☆

sample4-17.html をもとに prob4-3.html を作り、次のような表を作りなさい。

● 期待される実行結果

簡単なテーブルのサンプル

名前	ふりがな	性別	年齢	住所
山田太郎	やまだたろう	男	18	東京都
佐藤花子	さとうはなこ	女	16	大阪府
鈴木次郎	すずきじろう	男	17	愛知県
太田智子	おおたともこ	女	17	北海道

 問題 4-4 ★ ★ ☆

次のようなリストを表示するスクリプトを作りなさい。

なお、ファイル名は prob4-4.php とし、スクリプトは次の条件を満たすこと。

- タイトルおよび表題（h1 タグ）は「配列からリストを作る」にすること
- 「日本」「アメリカ」「中国」という配列を作成すること
- ループ処理で配列の内容からリストを作成すること

● 期待される実行結果

配列からリストを作る

- 日本
- アメリカ
- 中国

5日目

関数／フォーム

5日目

1 関数

- 関数の概念と使用方法について学習する
- さまざまな関数の利用方法を学習する
- ユーザー定義関数について学習する

1-1 ユーザー定義関数

- 関数の概念について学習する
- ユーザー定義関数について学習する
- さまざまな関数を定義してみる

関数とは何か

ここまでさまざまな処理を学んできましたが、だんだんと行数が長くなってきました。1つの処理を行うのに行数が長くなってしまう場合や、何度も同じ処理を行うような場合は、**関数（かんすう）**を利用しましょう。

関数とは、**処理に特別な名前を与え、何度でも再利用できる**仕組みです。関数を作ることを**関数定義**といい、ユーザーが独自に定義した関数は**ユーザー定義関数**と呼ばれます。unset 関数や var_dump 関数などは、PHP にもともと用意（定義）されている関数です。

関数
処理をひとまとめに定義して再利用を可能にしたもの

用語

● ユーザー定義関数

サンプルをとおして、ユーザー定義関数について学習していきましょう。5日目は「chapter5」という作業用フォルダを作って、ファイルを管理してください。

次のサンプルを入力・実行してみましょう。

sample5-1.php
```php
01  <?php
02      //  平均値を求めるサンプル関数avg
03      function avg($n1, $n2) {
04          $n = ($n1 + $n2) / 2.0;
05          return $n;
06      }
07      //  avg関数の利用
08      $num1 = 11;
09      $num2 = 16;
10      //  関数の呼び出し
11      $avg1 = avg($num1, $num2);
12      $avg2 = avg(1.1, 5.2);
13      //  結果の表示
14      echo "{$num1}と{$num2}の平均値は{$avg1}です。<br>";
15      echo "1.1と5.2の平均値は{$avg2}です。<br>";
16  ?>
```

● 実行結果
11と16の平均値は13.5です。
1.1と5.2の平均値は3.15です。

このスクリプトを実行すると、11 と 16、1.1 と 5.2 の平均値が表示されます。平均値は定義した avg 関数で計算されています。

◉ 関数の定義

関数を使うには、先に関数の定義が必要です。関数の定義は、function というキーワードのあとに、関数の名前（関数名）を記述します。ここでは avg が関数名に該当します。関数名は自由に付けられますが、**もともとある関数名と重複したり、同じ名前の関数を複数定義したりはできないので注意しましょう。**

- 「ユーザー定義関数」の定義の書式

```
function 関数名(引数1, 引数2, ...) {    ← 複数の場合は,（カンマ）で区切る（省略可）
    処理
    return 戻り値;    ← 戻り値もしくは記述自体が省略されることもある
}
```

なお、関数を使うことを関数の呼び出しといいます。定義した関数は何度でも呼び出しできます。

> 関数の名前を重複させることはできません。

注意

関数は、入力する値に対し、何らかの処理を行って処理結果を戻すことが求められます。入力する値のことを**引数（ひきすう）**といいます。

引数は、関数名のあとの( )に入れて、**外部から与えられた値を代入する変数名を記述します。引数は,（カンマ）で区切って複数定義することも可能です。また、省略もできます。**avg 関数の引数は $n1 と $n2 です。

関数で処理した結果は**戻り値（もどりち）**として得られます。この例では、引数の平均値が得られます。**戻り値は関数の処理の終了を意味する return のあとに記述します。**

- 関数の処理のイメージ

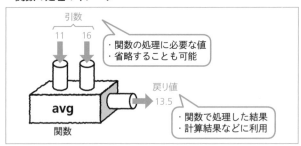

用語

引数（ひきすう）
関数の処理のために必要な値で、省略することも可能。複数ある場合は,（カンマ）で区切る

戻り値（もどりち）
関数の処理の結果。return のあとに記述

◉ avg関数の処理の内容

以上を踏まえ、avg 関数の処理内容を説明していきましょう。

・ avg関数の処理の流れ

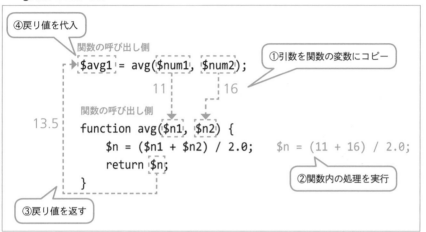

①引数を関数の変数にコピー

このサンプルでは、11 行目で avg 関数を呼び出しています。

・ avg関数の呼び出し（11行目）

```
$avg1 = avg($num1, $num2);
```

$num1 には 11、$num2 には 16 が代入されているので、引数の $n1 に 11 が、$n2 に 16 が代入され、avg 関数が呼び出されます。

②関数内の処理の実行

関数が呼び出されると、処理が関数内に移行します。$n1 に 11 が、$n2 に 16 が代入されたので、これらを足して 2.0 で割った値の 13.5 が $n に代入されます。

・ 関数内の処理（4行目）

```
$n = ($n1 + $n2) / 2.0;
```

③戻り値を返す

　最後に return で $n の値を戻り値として返し、同時に avg 関数の処理は終了します。これにより 13.5 が戻り値として返されます。

● 戻り値を返す（5行目）

```
return $n;
```

　なお、**return は関数の途中に記述した場合、そこで関数の処理が終了し、それ以降に処理があったとしても実行されません。**

　　　　　return のある場所で関数の処理は終了します。

重要

④戻り値を代入

　戻り値の 13.5 が \$avg1 に代入されます。

　12 行目で再び avg 関数を呼び出して、戻り値を \$avg2 に代入していますが、引数および戻り値が違うだけで同じ内容の処理が実行されます。

　なお、引数に変数ではなく、数値や値そのものを指定しても構いません。

● avg関数の2回目の呼び出し（12行目）

```
$avg2 = avg(1.1, 5.2);
```

さまざまな関数

　関数の基本概念がわかったところで、実際にさまざまな関数に触れてみましょう。次のサンプルでは複数の関数を定義して、呼び出しています。入力・実行してください。

sample5-2.php

```
01  <?php
02      //  最大値を取得する関数
03      function max_number($n1, $n2) {
04          if ($n1 > $n2) {
05              // $n1のほうが大きければ$n1を返す
06              return $n1;
07          }
```

```
08          //  そうでなければ$n2を返す
09          return $n2;
10      }
11      //  指定した数だけ★マークを表示する関数
12      function stars($n) {
13          for ($i = 0; $i < $n; $i++) {
14              echo "★";
15          }
16          echo "<br>";
17          return; //  戻り値がないのでreturnだけで終了
18      }
19      //  「HelloPHPとだけ表示する関数」
20      function hello() {
21          echo "HelloPHP<br>";
22          return;
23      }
24      //  max_number関数の呼び出し
25      echo "*** max_number関数 ***<br>";
26      $num1 = 4;
27      $num2 = 3;
28      $max = max_number($num1, $num2);
29      echo "{$num1}と{$num2}のうち大きいのは{$max}です。<br>";
30      //  stars関数の呼び出し
31      echo "*** stars関数 ***<br>";
32      stars(5);
33      stars(7);
34      //  hello関数の呼び出し
35      echo "*** hello関数 ***<br>";
36      hello();
37  ?>
```

● **実行結果**

```
*** max_number関数 ***
4と3のうち大きいのは4です。
*** stars関数 ***
★★★★★
★★★★★★★
*** hello関数 ***
HelloPHP
```

ここで定義し、呼び出している関数を1つずつ説明していきましょう。

5_{日目}

関数／フォーム

◉ max_number関数

最初に定義している max_number 関数は、2 つの引数のうち大きい値を戻り値として返します。

引数に $num1（=4）、$num2（=3）が渡されると、それらの値がそれぞれ $n1、$n2 に代入されます。$n1 の値のほうが $n2 の値より大きい場合、「return $n1;」で $n1 の値を返して関数が終了します。

• max_number関数の処理のイメージ（$n1 > $n2）

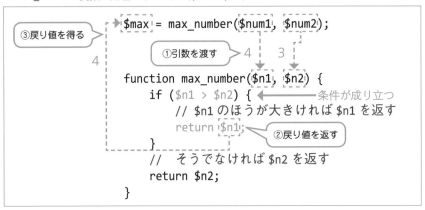

逆に $n1 <= $n2 の場合、条件が成立しないので最後の「return $n2;」で $n2 の値を返して関数が終了します。

• max_number関数の処理のイメージ（$n1 <= $n2）

```
③戻り値を得る  → $max = max_number($num1, $num2);
                   ①引数を渡す → 3    4
        4
              function max_number($n1, $n2) {
                  if ($n1 > $n2) {        条件が成り立たない
                      // $n1 のほうが大きければ $n1 を返す
                      return $n1;
                  }
                  // そうでなければ $n2 を返す
                  return $n2;    ②戻り値を返す
              }
```

◉ stars関数

2番目の stars 関数は、引数を1つしかとらない関数で、引数に代入された値だけ「★」を表示し、最後に br タグで改行を入れて終了します。

なお、**この関数には戻り値がないので、最後の「return;」には戻り値がなく、呼び出し側でも戻り値を変数に代入する処理は行いません**。また、このような場合、**return は省略することも可能です**。

• stars関数の呼び出し（32、33行目）

```
stars(5);
stars(7);
```

◉ hello関数

最後の hello 関数は「HelloPHP」という文字列を表示するだけの関数です。引数が定義されていない関数の場合、**関数名 ( ) だけで呼び出せます**。

また、戻り値がなく「return;」で終了していることから、stars 関数と同様に戻り値を受け取る処理は不要です。

• hello関数の呼び出し（36行目）

```
hello();
```

● 変数のスコープ

関数を使う際に気を付けなくてはならないのが、**変数のスコープ**です。スコープとは有効範囲のことで、変数がスクリプトのどの範囲で有効かを示します。

◉ グローバル変数とローカル変数

4 日目まで使用していた変数のことを**グローバル変数**といい、**一度定義するとその PHP のスクリプト全体で使用できる変数です**。それに対し、関数内で定義されている変数のことを**ローカル変数**といい、**定義されている関数の中でしか使用できません**。

sample5-2.php の場合、$num1、$num2、$max がグローバル変数で、定義されたあと何度でも利用できます。それに対し、<u>max_number 関数の引数である $n1 と $n2 は、max_number 関数内でしか利用できないので、max_number 関数のローカル変数です</u>。

同様に、sample5-1.php の **avg 関数の中で定義されている $n は、avg 関数のローカル変数であり、スコープはこの関数内に限られます。**

● グローバル変数とローカル変数のスコープ

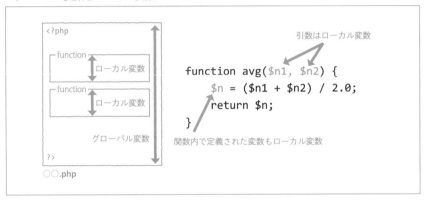

ローカル変数

用語　関数の引数、もしくは関数内で定義された変数。スコープは定義されている関数内に限られる

● デフォルト引数値

ユーザー定義関数の基本がわかったところで、ここからはさらに応用編について説明していきましょう。まずは**デフォルト引数値**を設定した関数についてです。

デフォルト引数値とは、**関数を呼び出す際に引数が指定されなかった場合、引数に入れる値のことです。**

次のサンプルを実行して動作を確認してみましょう。

sample5-3.php

```php
<?php
    function job($syokugyo = "会社員") {
        return "職業は{$syokugyo}です。<br>";
    }
    // 引数のある呼び出し方
    echo job("公務員");
    // 引数なしで呼び出し（デフォルト引数値を使用）
```

```
08    echo job();
09 ?>
```

● 実行結果
職業は公務員です。
職業は会社員です。

job 関数の引数が「$syokugyo = " 会社員 "」となっているので、" 会社員 " がデフォルト引数値です。

◎ 引数を設定して呼び出した場合
job 関数は、$syokugyo の値と文字列を結び付けた結果を返します。引数に " 公務員 " を指定すると「職業は公務員です。」と表示されます。

● 引数ありでjob関数を呼び出した場合

◎ 引数を設定せずに呼び出した場合
引数を指定せずに呼び出した場合、デフォルト引数値の " 会社員 " が使われ、job(" 会社員 ") と呼び出した場合と同じ結果になります。

- 引数なしでjob関数を呼び出した場合

```
job();          引数なし

function job($syokugyo = " 会社員 ") {
    return " 職業は {$syokugyo} です。<br>";
}

職業は会社員です。
```

デフォルト引数値を利用

参照渡し

続いて、引数の**参照渡し**を行う関数を紹介します。

次のサンプルは参照渡しを行っています。入力・実行してみてください。

sample5-4.php

```php
01  <?php
02      //  値渡しの関数
03      function job_set1($param) {
04          $param = "会社員";
05      }
06      //  参照渡しの関数
07      function job_set2(&$param) {
08          $param = "自営業";
09      }
10      //  職業の初期値
11      $taro_job = "公務員";
12      $hanako_job = "公務員";
13      //  関数の呼び出し
14      job_set1($taro_job);
15      job_set2($hanako_job);
16      //  結果の表示
17      echo "太郎の職業は{$taro_job}です。<br>";
18      echo "花子の職業は{$hanako_job}です。<br>";
19  ?>
```

● 実行結果

太郎の職業は公務員です。
花子の職業は自営業です。

　このサンプルでは、太郎と花子の職業を表示しています。太郎の職業は $taro_job、花子の職業は $hanako_job に代入されていますが、ともに最初は " 公務員 " です。ところが、それぞれを job_set1 関数、job_set2 関数の引数に指定すると、なぜか job_set2 関数の引数にした $hanako_job の値だけ、" 自営業 " に変わりました。これは一体、どういうことなのでしょうか？

◎ 値渡しの場合

　関数の引数は、呼び出しもとの値が関数内のローカル変数に値がコピーされます。そのため、関数内で値を変更しても、もとの変数の値が変わることはありません。job_set1 関数を呼び出した場合、$taro_job の値が job_set1 関数の引数である $param にコピーされ、それぞれの値が異なるメモリの領域に保存されているからです。このような引数の渡し方を値渡しといいます。

● 引数の値渡し

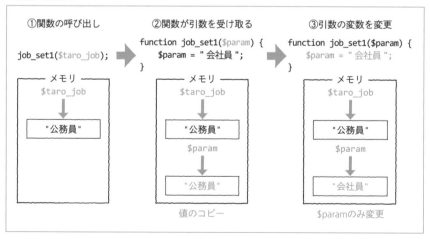

用語

値渡し
関数の引数の値をコピーして渡すこと

◉ 参照渡しの場合

それに対し、job_set2 関数では **$job_set2 の先頭に、引数が参照渡しであること を表す & が付いています**。参照渡しの場合、値そのものではなく、変数に代入され ている値のメモリのアドレス（保存場所の住所）が渡されます。

そのため、$hanako_job と job_set2 関数で利用されている $param は、**変数名が 異なっていても同じメモリのアドレスを指すので、$param の値を変えるというこ とは、$hanako_job の値を変えることと同じなのです。**

引数の変数の前に & を付けると引数の参照渡しになる。

重要

● 引数の参照渡し

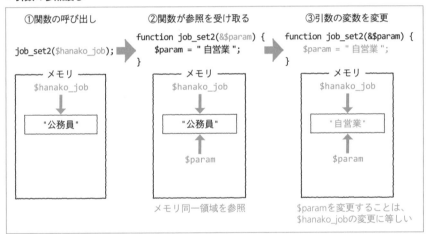

①関数の呼び出し

```
job_set2($hanako_job);
```

②関数が参照を受け取る

```
function job_set2(&$param) {
    $param = " 自営業 ";
}
```

③引数の変数を変更

```
function job_set2(&$param) {
    $param = " 自営業 ";
}
```

メモリ
$hanako_job

"公務員"

メモリ
$hanako_job

"公務員"

$param

メモリ同一領域を参照

メモリ
$hanako_job

" 自営業 "

$param

$paramを変更することは、
$hanako_jobの変更に等しい

参照渡しでは引数として与えられた変数と関数内のローカル変数が同じ メモリの領域を指すので、一方の変化がもう一方に影響を与えます。

重要

例題 5-1 ★ ☆ ☆

2 つの引数を足し算する add 関数と、1 つの引数からもう 1 つの引数で引き算をする sub 関数を定義し、それらの関数を呼び出して、次のようにグローバル変数の $a と $b を使った計算を行うスクリプトを作りなさい。

なお、ファイル名は example5-1.php とすること。

● **期待される実行結果**

```
$a = 2          ←  $aの値を表示
$b = 3          ←  $bの値を表示
$a + $b = 5     ←  add関数を利用して計算した結果を表示
$a - $b = -1    ←  sub関数を利用して計算した結果を表示
```

 解答例と解説

最初に、add 関数、sub 関数を定義します。戻り値はそれぞれ 2 つの引数の和、および差の演算結果です。関数定義のあとに、グローバル変数の $a、$b に値を代入し、add 関数と sub 関数を呼び出して戻り値を表示しています。

example5-1.php

```php
01  <?php
02      //  和を求める関数
03      function add($a, $b) {
04          return $a + $b;
05      }
06      //  差を求める関数
07      function sub($a, $b) {
08          return $a - $b;
09      }
10      //  計算に用いる2つの整数
11      $a = 2;
12      $b = 3;
13      //  計算の表示
14      echo "\$a = {$a}<br>\$b = {$b}<br>";
15      echo '$a + $b = ' . add($a, $b) . '<br>';
16      echo '$a - $b = ' . sub($a, $b);
17  ?>
```

1-2 さまざまな関数を利用する

- PHP で利用頻度の高い文字列関連の関数を利用する
- 正規表現を利用する

● 文字列に関する関数

PHP にあらかじめ用意されている関数についてはいくつか説明してきましたが、さらにここで PHP の中で利用頻度が高い文字列を操作する関数を紹介していきましょう。

次のサンプルを入力・実行してみてください。

sample5-5.php

```php
01  <?php
02      //  文字列の設定
03      $str = "HTMLとPHPの学習";
04      echo "\$str=「{$str}」<br><br>";
05      //  文字列の長さを求める(mb_strlen関数)
06      $length = mb_strlen($str);
07      echo "\$strの長さは{$length}文字です。<br>";
08      //  文字列の5文字目から3文字切り取る(mb_substr関数)
09      $sub = mb_substr($str, 5, 3);
10      echo "\$strを5文字目から3文字切り取ると「{$sub}」です。<br>";
11      //  文字列の中から「学習」を検索（mb_strpos関数）
12      $srch = "学習";
13      $result = mb_strpos($str, $srch);
14      echo "「{$srch}」は、\$strの{$result}文字目に含まれます。<br>";
15      //  文字列をHTMLからWebに置き替える（str_replac関数）
16      $srch = "HTML";
17      $replace = "Web";
18      $result = str_replace($srch, $replace, $str);
19      echo "\$strの「{$srch}」を「{$replace}」にすると「{$result}」になります。<br>";
20  ?>
```

• 実行結果

$str=「HTMLとPHPの学習」

$strの長さは11文字です。
$strを5文字目から3文字切り取ると「PHP」です。
「学習」は、$strの9文字目に含まれます。
$strの「HTML」を「Web」にすると「WebとPHPの学習」になります。

実行すると、$str に代入した文字列の「HTML と PHP の学習」に対して、さまざまな操作が行われます。

◉ mb_strlen関数

最初に呼び出している mb_strlen 関数は、文字列の長さを求めます。書式は次のとおりです。

• mb_strlen関数の書式

mb_strlen(文字列)

この関数は、引数に文字列を与えると、文字列の長さ（文字数）を戻り値で返します。$str は 11 文字なので、$str を引数に指定すると、11 という値が得られます。

• mb_strlen関数の処理のイメージ

◉ mb_substr関数

次に出てくる mb_substr 関数は、与えられた文字列から指定された範囲の文字列を取り出します。引数に文字列、開始位置、長さを与えると、その文字列の指定した位置から、指定した長さ分の文字列が得られます。

• mb_substr関数の書式

mb_substr(文字列, 開始位置, 長さ)

最初の文字が 0 文字目という扱いなので、「HTML と PHP の学習」から開始位置を 5、長さを 3 と指定すると「PHP」が得られます。

なおこの関数に限らず、PHP の文字列は最初の文字が 0 文字目と考えるので注意が必要です。

● mb_substr関数の処理のイメージ

注意

文字列関数の文字の位置を表す番号は 0 からはじまります。

◎ mb_strpos関数

3 番目に出てくる mb_strpos 関数は、文字列の中に、指定した文字列が何文字目に含まれるかを探し出します。戻り値として得られるのは、指定した文字列が見つかった開始位置の数値です。

● mb_strpos関数の書式

```
mb_strpos(文字列, 探し出したい文字列)
```

このサンプルでは「HTML と PHP の学習」の中の「学習」の位置を探します。最初の文字を 0 文字目として数えると、9 文字目からはじまるので、9 が戻り値として得られます。

● mb_strpos関数の処理のイメージ

◎ str_replace関数

str_replace 関数は、文字列の置き替えを行います。書式は次のとおりです。

• str_replace関数の書式

str_replace(文字列, 変化させたい部分の文字列, 変化後の文字列)

　引数に文字列、その文字列の中で変化させたい部分の文字列、さらに変化後の文字列を順に与えます。

　すると、戻り値として置き替え後の文字列を得られます。このサンプルの場合、「HTML と PHP の学習」の中の「HTML」が「Web」に置き替えられるので、「Web と PHP の学習」が戻り値として得られます。

• str_replace関数の処理のイメージ

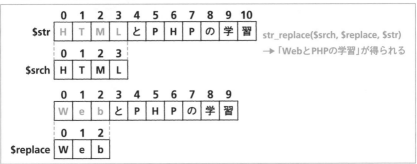

　文字列を操作する関数はこのほかにもたくさんありますので、興味がある方は PHP の公式マニュアル（https://www.php.net/manual/ja/）で調べてみるとよいでしょう。

正規表現

　文字列を操作する関数の中でも、Web プログラミングにおいて特に重要なのが**正規表現（せいきひょうげん）**です。

　ここでは正規表現の概念と、その処理を行う関数の使い方について説明します。

正規表現とは何か

　正規表現とは文字列の規則を表したパターンのことで、郵便番号、電話番号、URL など規則を表現できます。

　preg_match 関数を使うと、**文字列が指定された正規表現に当てはまるかどうかを判定できます**。

用語 　**正規表現（せいきひょうげん）**
文字列の規則を表したパターンのこと

◎ メタ文字と正規表現

　正規表現は、「A」「a」「1」「あ」のような通常の文字と、**メタ文字**と呼ばれる特殊な意味を持つ記号の組み合わせで文字列のパターンを表現します。

　メタ文字には主に次のようなものがあります。

- 正規表現で用いられる主なメタ文字

メタ文字	意味
.	任意の1文字
^	～ではじまる（[ ]内で使用すると除外を意味する）
$	～で終わる
–	文字の範囲指定
|	又は
*	直前の文字を0回以上繰り返す
+	直前の文字を1回以上繰り返す
?	直前の文字がない、またはある
(	グループ化の開始
)	グループ化の終了
{	繰り返す回数指定の開始
}	繰り返す回数指定の終了
[	パターン定義の開始
]	パターン定義の終了

◎ 正規表現の例

　では、正規表現の例をいくつか紹介しましょう。

① [abc]

　a、b、c いずれかの 1 文字を表します。[ ] の中に複数の文字を記述すると、そのいずれかに該当する正規表現となります。

　該当する例： a、b、c
　該当しない例：aa、d、bc

② [^abc]

a、b、c 以外の 1 文字を表します。^ は通常「〜ではじまる」を意味しますが、[ ] 内で使用すると除外を意味するため、①に該当しない 1 文字を表します。

該当する例：d、e
該当しない例：dd、a、b、c

③ [A-Z]

大文字のアルファベット 1 文字。「-」は文字の範囲指定に使用でき、「A-Z」は A から Z までの範囲のすべてを表します。

該当する例：A、B、Z
該当しない例：a、BB、AB

④ [a-zA-Z0-9]

アルファベットか数字 1 文字を表します。a-z がアルファベット小文字の範囲、A-Z が大文字、0-9 が数字を表します。

該当する例：A、a、9
該当しない例：AA、1B、10

⑤ ^ 東京 .*

「東京」ではじまる文字列を表します。^ は文字列の先頭を表し、東京のあとの「.」は任意の 1 文字、* はそれが 0 文字以上続くことを表します。

該当する例：東京都、東京タワー、東京大学
該当しない例：埼玉県、西東京市

⑥ [0-9]+cm

「○○ cm」という文字列を表します。○○は 0 以上の整数が入ります。[0-9]+ が 1 文字以上の数値を表し、そのあとに続く「cm」によってこのような表現になります。

該当する例： 1cm、10cm、0cm
該当しない例：-1cm、cm、100

⑦ ^[0-9]{3}-[0-9]{4}$

この例は少し長いですが、郵便番号の正規表現です。最初は 0 ～ 9 の 3 桁の数値、間を「-」で区切り最後には 0 ～ 9 の 4 桁の数値で終了します。

該当する例：101-0051、171-0022
該当しない例：1710022、03-6837-4600

preg_match 関数

次はこの preg_match 関数の書式と、利用方法について学習しましょう。

preg_match 関数は文字列が正規表現とマッチ（一致）するかどうかを調べます。書式は次のとおりです。

• **preg_match関数の書式**

```
preg_match(パターン, 対象の文字列)
```

パターンの部分は正規表現の文字列を与えます。**正規表現のパターンは、「/[A-Z]/」といったように「/」で囲みます**。対象の文字列が正規表現にマッチした場合は 1、マッチしなかった場合は 0、エラーになった場合は false が得られます。

次のサンプルで preg_match 関数を利用し、正規表現の判別結果を確認してみましょう。

sample5-6.php

```
01  <?php
02      //  郵便番号の判定を行う関数
03      function match_zip($zip) {
04          if (preg_match("/^[0-9]{3}-[0-9]{4}$/", $zip) == 1) {
05              echo "{$zip}は郵便番号です。<br>";
06          } else {
07              echo "{$zip}は郵便番号ではありません。<br>";
08          }
09      }
10      //  文字列が郵便番号かどうかを調べる
11      match_zip("101-0051");
12      match_zip("171-0022");
13      match_zip("1710022");
14      match_zip("03-6837-4600");
15  ?>
```

● 実行結果

```
101-0051は郵便番号です。
171-0022は郵便番号です。
1710022は郵便番号ではありません。
03-6837-4600は郵便番号ではありません。
```

match_zip 関数は、引数で文字列を受け取り、その文字列が郵便番号である場合は「○○は郵便番号です。」と表示、そうでない場合は「○○は郵便番号ではありません。」と表示します。

match_zip 関数の中では、preg_match 関数を呼び出して文字列が郵便番号かどうかを判定しています。「171-0022」のようにパターンにマッチするものは郵便番号とみなされますが、「1710022」のように少しでも違う部分のあるものは郵便番号とみなされません。

そのほかの正規表現関連の関数

正規表現に関する関数はほかにもありますが、ここでは主なものを紹介するにとどめておきます。

PHP の公式マニュアルにもサンプルが記載されているので、興味がある方は試してみてください。

● 主な正規表現関連の関数

関数	働き
preg_filter	正規表現による検索と置換を行う
preg_grep	パターンにマッチする配列の要素を返す
preg_match_all	繰り返し正規表現検索を行う
preg_replace	正規表現検索および置換を行う
preg_split	正規表現で文字列を分割する

✎ 例題 5-2 ★ ★ ☆

preg_match 関数を使って、変数の値が 0 以上の整数かどうかをチェックできるよ
うにしなさい。

なお、ファイル名は example5-2.php とすること。

💡 解答例と解説

0 以上の整数は 1 ～ 9 からはじまる複数桁の数値か、もしくは 0 です。1 ～ 9 から
はじまる複数桁の数値は、1 ～ 9 のあとに 0 以上の 0 ～ 9 の値が連なることから、「[1-9]
[0-9]*」と表現できます。以上より、正規表現は「^([1-9][0-9]*|0)$」となります。

試しに次のサンプルで、このパターンが正しいかどうかをチェックしてみましょう。
$values にさまざまな値を入れて確かめてみてください。

example5-2.php

```php
01  <?php
02      //  表現をチェックする値の一覧
03      $values = ["abc", "1", "0", "123", "1.23", "-12", "a2"];
04      //  正規表現で0以上の整数かチェック
05      foreach ($values as $value) {
06          if (preg_match("/^([1-9][0-9]*|0)$/", $value) == 1) {
07              echo "{$value}は0以上の整数です。<br>";
08          } else {
09              echo "{$value}は0以上の整数ではありません。<br>";
10          }
11      }
12  ?>
```

• 実行結果

abcは0以上の整数ではありません。
1は0以上の整数です。
0は0以上の整数です。
123は0以上の整数です。
1.23は0以上の整数ではありません。
-12は0以上の整数ではありません。
a2は0以上の整数ではありません。

2 フォーム

- フォームを形成するための HTML タグを学習する
- リクエストでデータを送受信する仕組みについて学習する
- GET と POST の違いについて理解する

2-1 フォームによるデータの送信

 POINT

- HTML でフォームを作る
- GET と POST でデータを送る
- フォームに入力されたデータを取得する

● フォームの利用

それでは再び、HTML に関するトピックに戻りましょう。ここでは**フォーム (form)** について説明します。

フォームとは、**決められた形式で必要項目にデータの入力や選択を効率よくできるように作成された入力欄もしくは Web ページ、アプリの入力画面など**を指します。

例えば、アンケートや資料請求、会員登録などでよくフォームを利用しています。ここでは実際にそのフォームをどのようにして作成し、利用するかを学習します。

● さまざまなフォーム

メールアドレス: _____

パスワード: _____

郵便番号: _____

性別: 男 ◉ 女 ○

送信

お客様アンケート

興味のある商品をすべて選択してください。

冷蔵庫 ☑

電子レンジ ☑

テレビ ☐

解答

● GET によるフォームの通信

<u>フォームは、リクエストを利用して異なるページ間でデータをやり取りするために利用する仕組みでもあります。</u>最初に取り上げるのは <u>GET</u> と呼ばれる方法でデータを送信するサンプルです。

ここでは「sample5-7.html」と「sample5-7.php」の 2 つのサンプルを入力してください。

sample5-7.html

```
01  <!DOCTYPE html>
02  <html>
03  <head>
04      <title>フォームサンプル（1）</title>
05      <meta charset="UTF-8">
06  </head>
07  <body>
08      <h1>フォームサンプル（1）</h1>
09      <!-- 簡単なフォーム -->
10      <form method="GET" action="sample5-7.php">
11          <p><b>お名前</b></p>
12          <input type="text" name="name" placeholder="例）山田太郎">
13          <br>
14          <p><b>性別</b></p>
15          <p>
16          <input type="radio" name="sex" value="男" checked="checked">男
17          <input type="radio" name="sex" value="女">女
18          </p>
19          <input type="submit" value="送信する">
```

```
20        </form>
21    </body>
22  </html>
```

sample5-7.php

```
01  <!DOCTYPE html>
02  <html>
03  <head>
04      <title>フォームサンプル（1）</title>
05      <meta charset="UTF-8">
06  </head>
07  <body>
08      <h1>入力された値</h1>
09      <table>
10        <tr>
11            <th>名前:</th>
12            <td><?php echo $_GET["name"]; ?></td>
13        </tr>
14        <tr>
15            <th>性別:</th>
16            <td><?php echo $_GET["sex"]; ?></td>
17        </tr>
18      </table>
19      <a href="sample5-7.html">入力フォームに戻る</a>
20  </body>
21  </html>
```

◉ サンプルの確認方法

　今回のサンプルは、まず「sample5-7.html」を Web ブラウザで表示します。表示されると、名前の入力を促す入力欄、性別を選択するラジオボタン、さらに「送信する」と表示されたボタン（フォーム）が出現します。

● 実行結果

　お名前の入力欄に「佐藤花子」と入力し、性別は「女性」を選択した状態で［送信する］ボタンをクリックしてみましょう。

● 入力を終えた状態

　画面が遷移し「sample5-7.php」が呼び出され、フォームで入力した値が表示されていることがわかります。

　この状態でリンクの［入力フォームに戻る］をクリックすると、何も入力されていない状態の「sample5-7.html」に戻ります。何度でも入力して、ページ遷移ができるので、さまざまな値を入れて試してみてください。

- ［送信する］ボタンをクリックしたあとの状態

入力された値

名前: 佐藤花子
性別: 女
入力フォームに戻る

◉ formタグ

　なぜこのような処理が可能なのでしょう？　サンプルで行っている処理を1つず
つ説明していきます。

　フォームを利用するには、<u>**form タグ**</u>が必要です。フォームの中にある入力欄やラ
ジオボタンなどは、<form> ～ </form> の中に記述します。

> **重要**　フォームを形成するさまざまなタグが <form> ～ </form> の中に記
> 述されます。

　form タグには method 属性と action 属性があります。

- formタグの属性

```
<form method="GET" action="sample5-7.php">
```

　このうち、<u>**method は通信方式を表しており、GET と記述することでこのフォー
ムの通信方式が GET であることを示しています**</u>。通信方式にはこのほかにも <u>POST</u>
がありますが、GET の説明とあわせて後述します。

　また、<u>**action 属性にはフォーム内にある送信ボタンをクリックしたときに遷移す
るページを指定します**</u>。

> **重要**　form のデータの送信方法には GET と POST があります。

つまり sample5-7.html の 10 行目は、**フォームで送信ボタンをクリックしたとき、「sample5-7.php」に GET でデータを送信しながらページ遷移する**ということを表しています。

◉ 入力欄のタグ

では次に、フォーム内に記述されているタグを見てみましょう。

基本的に入力欄には input タグを使い、種類の違いを type 属性で指定します。キーボードから文字列を入力するための入力欄を作りたい場合は、type 属性を「text」にします。

● sample5-7.htmlの入力欄のタグ

```
<input type="text" name="name" placeholder="例）山田太郎">
```

● 入力欄のタグ

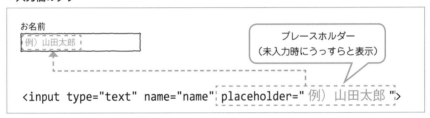

name 属性は、**このタグの名前を表し、遷移先で値を取得する際に使用するため必ず付ける必要があります。**

placeholder 属性は、未入力のときに仮で表示しておく値のことで、入力欄が空のときに「例）山田太郎」と表示されているのはこの属性のためです。

◉ ラジオボタンのタグ

ラジオボタンを作りたい場合は、type 属性を「radio」にします。ラジオボタンは複数の選択肢の中から 1 つ選ぶためのものです。

● sample5-7.htmlのラジオボタンのタグ

```
<input type="radio" name="sex" value="男"  checked="checked">男
<input type="radio" name="sex" value="女">女
```

入力欄と違い、**ラジオボタンは選択肢の数だけ同名のタグを用意します。** sample5-7 では「sex」という name 属性を持つラジオボタンのタグが 2 つ記述されていますが、これは 2 択であるためです。

さらに <u>value 属性でその値を定義します</u>。なお、デフォルトで選択しておきたい選択肢には「checked="checked"」と記述します。

最後に input タグのあとに文字列を表示すると、選択肢の内容を表す文字列を表示できます。

● ラジオボタンのタグ

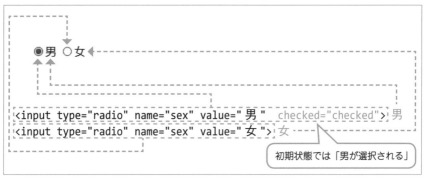

初期状態では「男が選択される」

◎ 送信ボタン

input タグの type 属性に「submit」を指定すると、送信ボタンになります。ボタンに表示したい文字は、value 属性に指定します。このサンプルでは「value=" 送信する "」となっているので、ボタンに「送信する」と表示されます。

ほかの input タグと違うのは、ボタン自体は何かの値を選択したり入力したりするものではなく、**このボタンをクリックすると、form タグの action 属性に記述されたページに遷移することです。**

● 送信ボタンのタグ

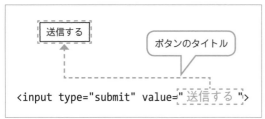

ボタンのタイトル

◉ GETでデータを送る

「sample5-7.html」で名前の入力と性別の選択をしたのちに［送信する］ボタンをクリックすると、「sample5-7.php」にリクエストが送信されます。その際、methodに「GET」を指定しているので、GET でリクエストを行います。

GET は、URL にパラメータと呼ばれる情報を付与してデータを送信する方法のことです。遷移先のあとに「?」を付け、そのあとに「パラメータ名 = 値」の形式でパラメータを記述します。さらに「&」で区切ることで複数のパラメータを送信できます。

「sample5-7.html」で［送信する］ボタンをクリックしたあと、遷移先の URL は次のようになっています。パラメータ名がタグの name 属性の値、値が入力した内容や選択した項目の value 属性の値であることがわかります。

● GET送信の結果

http://localhost/chapter5/sample5-7.php?name=佐藤花子&sex=女

GET で送信したデータは、PHP にあらかじめ定義されている $_GET という変数に配列として代入されます。この配列は、タグの名前がキー、入力や選択した項目が値で生成されます。例えば、$_GET["name"] とすると、name 属性が「name」の値を取得できます。$_GET["sex"] についても同様です。

遷移先の sample5-7.php では、名前の入力欄の値は $_GET["name"]、選択したラジオボタンの value 属性の値が $_GET["sex"] で取得できます。

● GETの値の取得

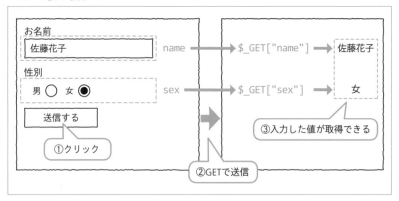

● POST

GET に対し、**URL の中に送信情報を埋め込まずにデータを送る方式が POST です。**
先ほどのサンプルと同じような処理を POST で作ってみましょう。前回と同様に、2 つのサンプルを入力してください。

sample5-8.html

```
01  <!DOCTYPE html>
02  <html>
03  <head>
04      <title>フォームサンプル（2）</title>
05      <meta charset="UTF-8">
06  </head>
07  <body>
08      <h1>フォームサンプル（2）</h1>
09      <!-- 簡単なフォーム -->
10      <form method="POST" action="sample5-8.php">
11          <p><b>お名前</b></p>
12          <input type="text" name="name" placeholder="例）山田太郎">
13          <br>
14          <p><b>性別</b></p>
15          <p>
16          <input type="radio" name="sex" value="男" checked="checked">男
17          <input type="radio" name="sex" value="女">女
18          </p>
19          <input type="submit" value="送信する">
20      </form>
21  </body>
22  </html>
```

このサンプルは、sample5-7.html とほぼ一緒です。違いはタイトルと、form タグの属性だけです。

method が POST に、action が sample5-8.php になっています。

続いて、POST で送信されたデータを受信する側の sample5-8.php を見てみましょう。$_GET が $_POST に変わっているだけで、ほぼ sample5-7.php と一緒です。

sample5-8.php

```
01  <!DOCTYPE html>
02  <html>
03  <head>
04      <title>フォームサンプル（2）</title>
```

```
05        <meta charset="UTF-8">
06    </head>
07    <body>
08        <h1>入力された値</h1>
09        <table>
10            <tr>
11                <th>名前:</th>
12                <td><?php echo $_POST["name"]; ?></td>
13            </tr>
14            <tr>
15                <th>性別:</th>
16                <td><?php echo $_POST["sex"]; ?></td>
17            </tr>
18        </table>
19        <a href="sample5-8.html">入力フォームに戻る</a>
20    </body>
21    </html>
```

sample5-8.html を実行すると、次のようになります。

● 実行結果

　名前に「佐藤花子」と入力し、性別に「女」を選択肢して［送信する］ボタンを
クリックすると、sample5-8.php に遷移し、入力内容が表示されます。ただ、URL は
「localhost/chapter5/sample5-8.php」となっています。**このことから、POST で送信
すると URL 内にリクエストの情報は存在しないことがわかります。**

• 送信ボタンをクリックしたあとの結果（URL内にリクエストの情報が存在しない）

入力された値

名前: 佐藤花子
性別: 女
入力フォームに戻る

GET と POST のまとめ

　サンプルからわかるとおり、GET によるリクエストと POST によるリクエストの方法はほとんど一緒ですが、両方存在するのには意味があります。

◎ GETとPOSTの違い
　GET および POST の違いは次のとおりです。

- GET のリクエストの値は URL に含まれ、$_GET で受け取る
- POST のリクエストの値は URL に含まれず、$_POST で受け取る

　また、**GET リクエストの URL 文字数は最大で 2083 文字です**。それを超える URL になる場合は、POST リクエストを利用する必要があります。

注意

> GET で送れるリクエストの情報には文字数の制限がある。

◎ GETとPOSTの使い分け
　このような説明を見ると「GET の文字列に文字制限があるのなら、すべてのリクエストを POST にすればよいのではないか」と疑問に思うかもしれません。しかし、GET と POST が両方存在するのはきちんとした理由があるのです。

GET では、送信内容が URL に含まれているので、同じ URL に再度アクセスすると同じ内容を再現できます。例えば、Google などの検索エンジンで検索した結果のページや、Amazon などの商品情報のページをそのまま URL として保存できます。

それに対し、POST は個人情報や ID パスワードを入力するような秘匿したい情報がある場合に使用します。

input タグの利用

フォームの中に記述される input タグの動作は、type 属性の値によって変わります。主な値は次のとおりです。

- inputタグのtype属性に入れる値と、使用できるコントロール

type属性の値	概要	表示例
checkbox	チェックボックス。複数の選択肢から複数個を選べる	☑ ☐
password	入力値を隠す1行のテキストフィールド。パスワードの入力などに使う	•••
date	日付を入力するためのコントロール	年 /月/日 📅
hidden	表示されないコントロール。value属性で指定した値をサーバへ送信する	
image	画像ボタン。使用する画像ファイルはsrc属性で指定する	

なお、フォーム内で入力に用いるタグは、input タグだけではありません。セレクトボックスを作成するタグである select タグや、文章を入力するための textarea といったタグも存在します。

isset 関数

GET、POST による通信がわかってきたところで、次はそれに欠かせない isset 関数について学習しましょう。

isset 関数とは、引数に指定した変数に値が設定されており、かつ null ではない場合に true を返します。

● isset関数の書式

isset(変数)

　この関数を利用すると、$_POSTや$_GETの値の有無を確認できます。これにより、フォームに値が入力されたかどうかを確認できます。

　では早速、isset関数の使い方を簡単なサンプルを作って確認してみましょう。次のサンプルを入力して実行してみてください。

sample5-9.php

```
01  <!DOCTYPE html>
02  <html>
03  <head>
04      <title>円の面積と円周の長さを求める</title>
05      <meta charset="UTF-8">
06  </head>
07  <body>
08      <h1>円の面積と円周の長さを求める</h1>
09      <!-- 数値入力フォーム -->
10      <form method="POST" action="sample5-9.php">
11          <p><b>円の半径（cm）：正の数を入力してください</b></p>
12          <input type="text" name="radius" placeholder="例）1.2">
13          <br>
14          <p>
15          <?php
16              // 半径が入力されているかの確認
17              if (isset($_POST["radius"])) {
18                  // 半径を$rに代入し正規表現で型チェック
19                  $r = $_POST["radius"];
20                  if (preg_match("/^([1-9]\d*|0)(\.\d+)?$/", $r) == 1) {
21                      if($r > 0.0){
22                          $pi = 3.14;
23                          $area = $pi * $r * $r;
24                          $cir = 2 * $pi * $r;
25                          echo "<p>面積:{$area}cm2 円周:{$cir}cm</p>";
26                      }else{
27                          echo "<p>半径には正の数を入力して下さい</p>";
28                      }
29                  }else{
30                      echo "<p>半径には正の数を入力して下さい</p>";
31                  }
32              }
33          ?>
```

```
34              <input type="submit" value="計算する">
35         </form>
36  </body>
37  </html>
```

● 実行結果①

ここで、入力欄に正の数（例：1.2）の値を入力し［計算する］ボタンをクリックしてみましょう。

● 実行結果②（正の整数を入力）

円の半径（cm）：正の数を入力してください
1.2
計算する

❶正の数を入力（ここでは1.2を入力）

❷［計算する］ボタンをクリック

すると次のように計算結果が表示されます。

● 実行結果③（計算結果が得られる）

円の半径（cm）：正の数を入力してください
例）1.2
面積:4.5216cm2 円周:7.536cm
計算する

ただし、入力欄に何も入力していない状態や正の数以外の値を入力した状態で［計算する］ボタンをクリックした場合、「半径には正の数を入力してください」と表示されます。

● 実行結果④（不正な値で計算した場合）

円の半径（cm）：正の数を入力してください

> 例）1.2

半径には正の数を入力して下さい

計算する

◎ 処理の流れ

　フォーム内に name 属性が radius の入力欄と［計算する］ボタンがあります。method 属性が「POST」で送信先の URL が自分自身のファイル名になっているので、［計算する］ボタンをクリックすると入力値が POST で自分自身に送信されます。

● フォーム（10行目）

```
<form method="POST" action="sample5-9.php">
```

　isset 関数を用いて入力のチェックを行っているのが 17 行目です。

● isset関数で入力値チェック（17行目）

```
if(isset($_POST["radius"]))
```

　起動時点では、$_POST["radius"] が存在しないため、isset 関数の戻り値は false なので何も表示されません。

　ボタンをクリックしてからだと、true が返ってくるので次の処理に移行し $_POST の値を $r に代入します。

● 送信された値を$rに代入（19行目）

```
$r = $_POST["radius"];
```

　次に preg_match 関数で、$r が 0 以上の実数かどうかをチェックします。

● 0以上の実数かどうかのチェック（20行目）

```
if (preg_match("/^([1-9]\d*|0)(\.\d+)?$/", $r) == 1) {
```

これにより 0 以上の実数であれば、$r を float に型変換して実数値になおします。

• **値のキャスト（21行目）**
```
$r = (float)$r; //   入力が正しければ実数に型変換
```

　そして正の数であれば面積と円周を計算し、その結果を表示します。0 より大きい実数でない場合には「半径には正の数を入力してください」と表示し処理が終了します。処理の流れを整理すると次のようになります。

• **処理の流れ**

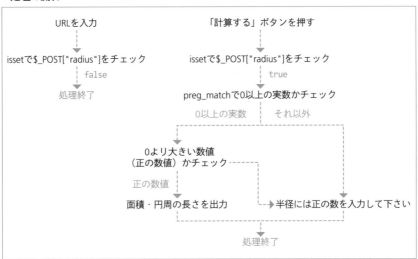

3 練習問題

▶ 正解は 337 ページ

問題 5-1 ★ ☆ ☆

「HelloPHP」という文字列を 5 回表示させなさい。ただし、そのためには次の関数を定義して利用しなさい。

なお、ファイル名は prob5-1.php とすること。

関数名	引数	戻り値	処理内容
showStrs	int型の$num、string型の$str	なし	$strを$num回表示する

● **期待される実行結果**

```
HelloPHP
HelloPHP
HelloPHP
HelloPHP
HelloPHP
```

問題 5-2 ★ ☆ ☆

$a、$b に代入された 2 つの数のうち、最小値を求めなさい。ただし、そのためには次の関数を定義して利用しなさい。

なお、ファイル名は prob5-2.php とすること。

関数名	引数	戻り値	処理内容
min_number	int型$n1、int型の$n2	数値	$n1、$n2のうち小さいほうの値を返す

● 期待される実行結果

```
$a=10
$b=5
$aと$bのうち最小のものは5です。
```

 問題 5-3

　入力フォームで入力した値が郵便番号かどうかを確認するスクリプトを作りなさい。郵便番号は、123-4567 のような形式と、1234567 のようにハイフン（-）がない形式のどちらかに一致すればよいものとする。結果は、sample5-9.php のように、入力後に実行したファイル自身を呼び出して表示させなさい。

　なお、ファイル名は prob5-3.php とすること。

● 期待される実行結果

● 郵便番号と一致する値を入力した場合

1234567は郵便番号です。

確認

● 何も入力しなかった場合

値を入力してください。

確認

● 郵便番号と一致しない値を入力した場合

abcdefgは郵便番号ではありません。

確認

6日目

クラスとオブジェクト／クッキーとセッション

6日目

1 クラスとオブジェクト

- オブジェクト指向の概念を理解する
- クラスの定義とオブジェクトの利用方法について学習する
- php ファイルを複数に分割する方法について学ぶ

1-1 オブジェクト指向

POINT

- オブジェクト指向の概念を理解する
- クラスとオブジェクトについて学習する
- PHP でオブジェクト指向を利用する

● オブジェクト指向とは何か

　6 日目では、現在プログラミング言語の中で主流の**オブジェクト指向**という考え方について説明します。オブジェクト指向を利用すると、今まで別々に扱ってきた変数などのデータ構造と、関数などのアルゴリズムを統合し、メンテナンスが容易なソフトウェアの開発が可能になります。

◉ オブジェクト指向の考え方

　オブジェクト指向の「**オブジェクト（object）**」とは、英語で「**もの**」や「**物体**」などを表す言葉で、**データを現実世界のものに置き換える考え方です。**

　例えば、自動車を運転するとき、自動車内部の仕組みを理解する必要はありません。ただ運転方法だけを知っていれば、自動車を使うことができます。つまり、「自動車」というオブジェクトは、動作させる仕組みがすでに内部に組み込まれており、それを利用するためには、仕組みを知る必要は一切なく、「アクセルを踏む」「ハンドルを切る」といった適切な操作をすればよいことになります。

オブジェクトには、操作にあたる**メソッド（method）**と呼ばれるものと、データ・属性にあたる**プロパティ（property）**があります。自動車の例でいえば、「走行する」「停止する」などがそのメソッドで、プロパティは、「スピード」「ナンバー」といったところでしょう。なお、メソッドとプロパティをまとめて**メンバ（member）**といいます。

● **オブジェクトのイメージ**

・操作（メソッド）
・走行する
・停止する

データ（プロパティ）
・スピード
・ナンバー

オブジェクト（自動車）

● **自動車オブジェクトのメソッドとプロパティ**

種類	内容
メソッド	走行する、停止する
プロパティ	スピード、ナンバー

用語

メソッド
オブジェクトの操作
プロパティ
オブジェクトのデータ（属性）
メンバ
メソッドとプロパティの総称

◎ クラスとオブジェクト

続いて、**クラス（class）**という概念について説明します。再び自動車を例に説明すると、世の中にはたくさんの自動車が存在します。ただ、こういった自動車も、1つの設計図をもとに、大量生産されています。

この設計図にあたるものをクラスといいます。クラスから作られたものがオブジェクトで、これを**インスタンス（instance）**と呼びます。つまり、クラスがなければ、オブジェクトは作れないのです。1つのクラスから、いくつものインスタンスを生成できます。

● クラスとオブジェクトの関係性

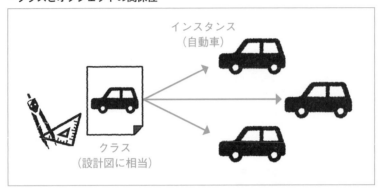

インスタンス
（自動車）

クラス
（設計図に相当）

用語

クラス
オブジェクトの定義
インスタンス
クラスをもとに生成したオブジェクトそのもの

● クラスを使ったサンプル

クラスの定義とインスタンスの生成・利用を体験してみることにしましょう。

ここからは「chapter6」という作業用フォルダで、サンプルを管理していきます。
次のサンプルを入力・実行してください。なお、今回のサンプルはクラスの定義（car.
php）とそれを利用した処理（sample6-1.php）に分かれています。

car.php

```
01  <?php
02      // 自動車クラス
03      class Car {
04          // スピードのプロパティ
05          public $speed;
06          // ナンバーのプロパティ
07          public $number;
08          // コンストラクタ
09          function __construct() {
10              echo "インスタンス生成<br>";
11          }
```

```
12          //  走行メソッド
13          function drive() {
14              echo "「{$this->number}」が{$this->speed}km/hで走行<br>";
15          }
16          //  停車メソッド
17          function stop() {
18              echo "「{$this->number}」が停車<br>";
19              $this->speed = 0;
20          }
21      }
22  ?>
```

sample6-1.php
```
01  <?php
02      //  自動車クラスの読み出し
03      require_once("car.php");
04      //  インスタンスの生成
05      $car = new Car();
06      //  ナンバー、スピードの設定
07      $car->number = "あ12-34";
08      $car->speed = 50;
09      //  自動車の走行と停車
10      $car->drive();
11      $car->stop();
12  ?>
```

　それぞれの入力が終わったら、sample6-1.php を Web ブラウザで確認してみてください。

● **実行結果**

```
インスタンス生成
「あ12-34」が50km/hで走行
「あ12-34」が停車
```

◉ クラスの定義

まずは自動車クラスを定義している car.php から見ていきましょう。

オブジェクト指向のプログラミングで最初に行うのが、クラスの定義です。クラスは次のように定義します。

● クラス定義の書式

```
class クラス名 {
    プロパティの定義1;
    プロパティの定義2;
     ...
    function メソッド名1(引数1, 引数2, ...) {
        ...
    }
    function メソッド名2(引数1, 引数2, ...) {
        ...
    }
    ...
}
```

プロパティとメソッドの定義数に上限はないので、それぞれ複数定義できます。<u>プロパティはクラス内で利用できる変数、メソッドはクラス内で利用できる関数のことです</u>。

このサンプルでは、Car クラスを定義するため「class Car」からはじまり、{ } 内で 2 つのプロパティと 3 つのメソッドを定義しています。

● Carクラスのメンバ

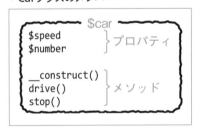

◉ プロパティの定義

Car クラスのプロパティの定義は、5、7 行目で行っています。

● Carクラスのプロパティの定義（car.php／4〜7行目）

```
//　スピードのプロパティ
public $speed;
//　ナンバーのプロパティ
public $number;
```

Car クラスのオブジェクト内で「$speed」と「$number」という 2 つのプロパティ（変数）が利用できるようになります。

ところで、それぞれのプロパティ名の先頭にある「public」とは何でしょうか？これは<u>アクセス修飾子</u>といい、<u>メンバへのアクセス範囲を指定するものです。</u>

PHP のアクセス修飾子は次の 3 種類です。

● PHPのアクセス修飾子

アクセス修飾子	意味
public	どこからでもアクセス可能
protected	クラス内、もしくは子クラスからアクセス可能
private	クラス内のみからアクセス可能

Car クラスのプロパティはいずれも public なので、クラス内外のどこからでもアクセスできます。private および protected については、のちほど説明します。

次はメソッドの解説に進みたいところですが、スクリプトの処理の流れを説明したほうが理解しやすいと思いますので、スクリプトの実行順を説明していきましょう。

◉ ほかのPHPファイルを読み込む

sample6-1.php を見てみましょう。3 行目で car.php を読み込んでいます。

● car.phpを読み込む（sample6-1.php／3行目）

```
require_once("car.php");
```

<u>require_once は、ほかの php ファイルなどを読み込む際に利用します。</u>このサンプルでは、Car クラスを定義している car.php を読み込むことで、sample6-1.php内で Car クラスのインスタンスを生成できるようにしています。

◉ インスタンスの生成とコンストラクタ

Car クラスのインスタンスを生成します。

• インスタンスの生成（sample6-1.php／5行目）
```
$car = new Car();
```

インスタンスの生成は「new クラス名 ()」という書式で行います。生成された
インスタンスを $car という変数に代入しています。このとき、**コンストラクタ
（constructor）** と呼ばれる特殊なメソッドが呼び出されます。

コンストラクタは、**インスタンスを生成するときに一度だけ呼び出される特
殊なメソッド**で、インスタンスの初期化処理に利用します。**コンストラクタは、
「construct()」という名前で定義します。**

用語

コンストラクタ
インスタンス生成時に、一度だけ呼び出されるメソッド

Car クラスのコンストラクタの処理は次のようになっています。

• Carクラスのコンストラクタ（car.php／9〜11行目）
```
function __construct(){
    echo "インスタンス生成<br>";
}
```

• インスタンスの生成とコンストラクタの呼び出し

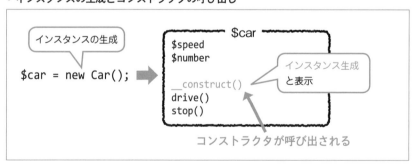

この処理はインスタンスが生成されたときに、「インスタンス生成」と表示し改行する処理を行います。

重要

コンストラクタは __construct という名前にする決まりがあります。

◉ プロパティにアクセスする

インスタンスのメンバにアクセスする場合、次のような書式になります。

● プロパティへのアクセスの書式

```
変数名->メンバ
```

「->」はアロー演算子といいます。なお、アクセス対象のメンバがプロパティの場合とメソッドの場合で、記述方法が異なります。まずはプロパティの例を見てみましょう。

7、8行目では、Car クラスのインスタンスのプロパティに値を設定します。

● プロパティの値の設定（sample6-1.php／7、8行目）

```
$car->number = "あ12-34";
$car->speed = 50;
```

Car クラスは $number と $speed というプロパティを持っており、これらは public なのでクラス外からアクセスできます。

● プロパティへの値の代入

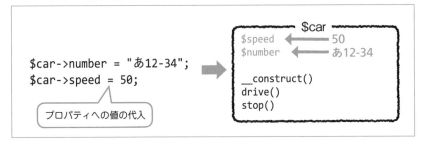

クラス外からアクセスする際、**$number は $car->number、$speed は $car->speed のように、クラス内で定義されているプロパティ名に $ は付けません。**

注意　アロー演算子（->）のあとに記述するプロパティ名の先頭には、$ は付けません。

◎ メソッドの呼び出し

最後に、メソッドの呼び出しを見てみましょう。

- メソッドへのアクセス（sample6-1.php／10、11行目）

```
$car->drive();
$car->stop();
```

最初に呼び出す drive メソッドの定義は、次のようになっています。

- driveメソッド（car.php／13〜15行目）

```
function drive() {
    echo "「{$this->number}」 が{$this->speed}km/hで走行<br>";
}
```

**$this は自分自身のインスタンスを指す特殊な変数です**。このような特殊な変数のことを**擬似変数**といいます。$this->number は、自分自身のインスタンス内にあるプロパティの $number を指します。$this->speed についても同様です。

つまりこのサンプルでは、外部から $number プロパティにアクセスする場合は「$car->number」となり、クラス内に記述されたメソッドからアクセスする場合は「$this->number」となります。

このように、**メンバはアクセスする主体によって記述方法が異なります**。これらの値はすでに 7、8 行目の処理で値が設定されているので、その値が表示されます。stop メソッドに関しても同様です。

なお、このサンプルではメソッドの定義の先頭に「public」といったアクセス指定子が付いていませんが、**省略した場合は public と同じ意味で、クラス内外のどこからでもアクセス可能になります。**

• driveメソッドの呼び出し

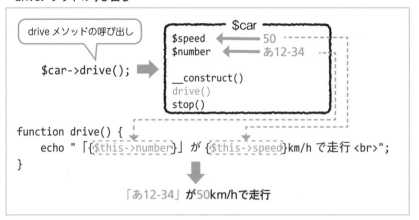

擬似変数 $this は自分自身のインスタンスを表します。

重要

　この説明だけを見ると、「わざわざクラスを使わなくても、変数と関数だけで同じことができるのでは？」と思う方もいるかもしれませんが、オブジェクト指向を利用するにはそれなりに理由があるのです。次はそのメリットについて説明します。

● 複数のインスタンス

　1つのクラスから複数のインスタンスを生成するサンプルを見てみましょう。
次のサンプルを入力・実行してみてください。

sample6-2.php

```php
01  <?php
02      //  自動車クラスの読み出し
03      require_once("car.php");
04      //  インスタンスの生成
05      $car1 = new Car();
06      $car2 = new Car();
07      //  ナンバー、スピードの設定($car1)
08      $car1->number = "あ12-34";
09      $car1->speed = 50;
10      //  自動車の走行と停車($car1)
11      $car1->drive();
```

```
12    $car1->stop();
13    //   ナンバー、スピードの設定($car2)
14    $car2->number = "い56-78";
15    $car2->speed = 40;
16    //   自動車の走行と停車($car2)
17    $car2->drive();
18    $car2->stop();
19  ?>
```

● 実行結果

インスタンス生成 ◄───────	$car1のコンストラクタ実行
インスタンス生成 ◄───────	$car2のコンストラクタ実行
「あ12-34」が50km/hで走行 ◄──	$car1のdriveメソッド
「あ12-34」が停車 ◄──	$car1のstopメソッド
「い56-78」が40km/hで走行 ◄──	$car2のdriveメソッド
「い56-78」が停車 ◄──	$car2のstopメソッド

　このサンプルでは、すでに作成した Car クラスの定義を require_once を利用して読み込んでいます。そのあと、Car クラスのインスタンスを 2 つ生成し、$car1、$car2 に代入しています。$car1 と $car2 で、それぞれメンバにアクセスしています。実際にこれらの働きを見てみましょう。

◎ 1つのクラスから2つのインスタンスを生成する

　5 ～ 6 行目でインスタンスを 2 つ生成しています。1つのクラスから、複数のインスタンスを生成できます。

● 複数のインスタンスの生成（sample6-2.php／5、6行目）

```
$car1 = new Car();
$car2 = new Car();
```

◎ インスタンスごとに操作を行う

　7 ～ 12 行目では、$car1 のメンバへアクセスしています。ここでは sample6-1.php と同様の処理をしています。

　$car1、$car2 はともに同じメンバを持っていますが、$car1 への操作は $car2 には影響を与えません。そのため、$car1->number や $car1->speed に値を代入しても、$car2->number や $car2->speed は変化しません。

● $car1のプロパティへの代入

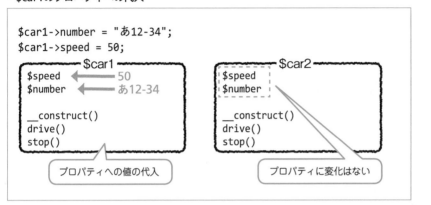

```
$car1->number = "あ12-34";
$car1->speed = 50;
```

また、$car1->drive() や $car1->stop() についても同様です。**$car1 のメソッドを呼び出した場合、$car2 に同じ名前のメソッドがあったとしても、呼び出されることはありません。**

同様に $car2 への操作が $car1 に影響を与えることはありません。同様の処理をクラスを使わずに行おうとすると、さまざまな変数を用意しなくてはならないので、スクリプトが複雑になってしまいます。

● $car1のメソッドを呼び出す

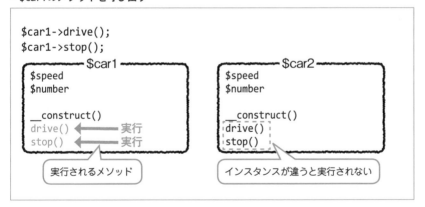

```
$car1->drive();
$car1->stop();
```

◉ オブジェクト指向の考え方を理解するコツ

オブジェクト指向において、**インスタンスとメソッドの関係は主語と動詞の関係のように考えるとわかりやすいでしょう。** このサンプルの場合、$car1->drive() は「$car1 が drive する」というように「〜が〜する」と考えるとわかりやすいです。

また、**プロパティの場合は所有の関係で理解するとわかりやすいでしょう**。例えば、$car1->number は「$car1 の number」といったように、「〜の〜」と考えるとわかりやすいでしょう。

● 引数とプロパティ

次は Car クラスを少し変更して、引数とプロパティの関係性について学習します。

1 つの php ファイルで、クラス定義とクラスのインスタンス生成を行ってみましょう。次のサンプルを入力・実行してみてください。

sample6-3.php

```php
01  <?php
02      //  自動車クラス
03      class Car {
04          //  スピードのプロパティ
05          private $speed;
06          //  ナンバーのプロパティ
07          private $number;
08          //  コンストラクタ
09          function __construct($number) {
10              $this->number = $number;
11              echo "「{$this->number}」のインスタンス生成<br>";
12          }
13          //  走行メソッド
14          function drive($speed) {
15              $this->speed = $speed;
16              echo "「{$this->number}」が{$this->speed}km/hで走行<br>";
17          }
18          //  停車メソッド
19          function stop() {
20              echo "「{$this->number}」が停車<br>";
21              $this->speed = 0;
22          }
23      }
24      //  インスタンスの生成
25      $car1 = new Car("あ12-34");
26      $car2 = new Car("い56-78");
27      //  自動車の走行と停車
28      $car1->drive(50);
29      $car1->stop();
30      $car2->drive(40);
```

```
31      $car2->stop();
32  ?>
```

● 実行結果

「あ12-34」のインスタンス生成 ◄──── $car1のコンストラクタ実行
「い56-78」のインスタンス生成 ◄──── $car2のコンストラクタ実行
「あ12-34」が50km/hで走行
「あ12-34」が停車
「い56-78」が40km/hで走行
「い56-78」が停車

◉ 引数付きコンストラクタ

1つのphpファイルにクラスの定義とその処理を記述する場合、最初にクラスを定義する必要があります。そのあと、具体的な処理を行います。

クラス定義後の25、26行目でインスタンスの生成を行っています。今回はCarクラスのインスタンスを生成する際、( )内に文字列が入っています。

● インスタンスの生成（25、26行目）

```
$car1 = new Car("あ12-34");
$car2 = new Car("い56-78");
```

コンストラクタには引数を渡すことが可能なのです。コンストラクタを見てみると、$numberという引数を受け取っていることがわかります。

● 引数付きコンストラクタ（9〜12行目）

```
function __construct($number) {
    $this->number = $number;
    echo "「{$this->number}」のインスタンス生成<br>";
}
```

$car1の場合、インスタンスを生成するとコンストラクタに文字列 "あ12-34" が与えられ（①）、これが引数の$numberに代入されます（②）。

コンストラクタ内では、プロパティの$numberに引数の値を代入して（③）、プロパティの値を表示します（④）。

・引数付きコンストラクタの呼び出したときの流れ

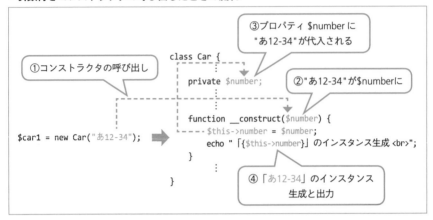

重要 同名のプロパティとローカル変数がある場合は、プロパティの先頭に「$this->」を付けて、ローカル変数と区別します。

◎ メソッドの呼び出しと引数

この考え方は、コンストラクタ以外の通常のメソッドを呼び出す場合も同様です。サンプルでは、drive メソッドに引数で $speed を与えるように定義されています。そのため、呼び出すときに、引数が 1 つ必要です。

・driveメソッドの呼び出し

```
$car1->drive(50);    ①引数50でdriveメソッドを呼び出す
```

引数付きのメソッドの呼び出しは、引数付きの関数の呼び出しと同じように呼び出せます。 ここでは引数として与えた値 50 が $speed に代入され、drive メソッド内でプロパティの $this->speed に代入されます。

・driveメソッド（14〜17行目）

```
function drive($speed) {    ②引数の50が渡ってくる
    $this->speed = $speed;    ③引数の50がプロパティに代入される
    echo "「{$this->number}」が{$this->speed}km/hで走行<br>";
}
```

◉ privateなメンバ

sample6-3.php に定義した Car クラスは、プロパティの $speed と $number を持っています。ただ、car.php の場合とは異なり、先頭に private 修飾子が付いています。

- privateなプロパティ（4〜7行目）

```
//  スピードのプロパティ
private $speed;
//  ナンバーのプロパティ
private $number;
```

private なメンバにはクラス外からアクセスすることはできません。

- privateなメンバへのアクセス

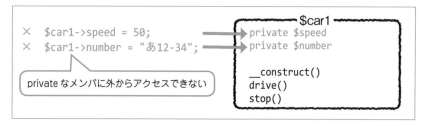

そのため、クラス内で「$this->number」もしくは「$this->speed」とアクセスできますが、**「$car1->number」や「$car2->speed」といったクラス外からのアクセスはできません。** メソッドに関しても同様で、private 修飾子が付いたメンバには外部からアクセスすることができません。

注意

private なメンバをクラスの外部からアクセス（呼び出し）はできません。

例題 6-1 ★ ☆ ☆

example6-1.php に、次のメンバを持つ Person クラスを定義しなさい。

- **プロパティ**

名前	概要	例	修飾子
$name	名前	"山田太郎"	private
$age	年齢	18	private
$sex	性別	"男"	private

- **メソッド（すべてpublicとする）**

名前	引数	戻り値	処理内容	実行例
__construct	$name、$age、$sex	なし	引数で与えられた値を同名のプロパティに代入する	
show	なし	なし	echoでPersonオブジェクトの情報を表示する	山田太郎（18歳）性別:男

　Person クラスの定義に続いて、Person クラスのインスタンスを複数生成し、show メソッドを呼び出して、次のような実行結果を得られるようにしなさい。

- **期待される実行結果**

```
山田太郎（18歳）性別:男
佐藤花子（17歳）性別:女
鈴木次郎（16歳）性別:男
```

解答例と解説

　解答となるスクリプトは次のとおりです。

example6-1.php

```
01  <?php
02      class Person {
03          // 名前
04          private $name;
05          // 年齢
06          private $age;
```

```
07        //  性別
08        private $sex;
09        //  コンストラクタ
10        function __construct($name, $age, $sex) {
11            $this->name = $name;
12            $this->age = $age;
13            $this->sex = $sex;
14        }
15        //  showメソッド
16        function show() {
17            echo "{$this->name}({$this->age}歳)性別:{$this->sex}<br>";
18        }
19    }
20    //  インスタンスの生成
21    $p1 = new Person("山田太郎", 18, "男");
22    $p2 = new Person("佐藤花子", 17, "女");
23    $p3 = new Person("鈴木次郎", 16, "男");
24    //  showメソッドの実行
25    $p1->show();
26    $p2->show();
27    $p3->show();
28 ?>
```

　Person クラスの定義はプロパティの定義から行います。$name、$age、$sex の先頭に private を付けて外部からのアクセスを禁止しています。これらのプロパティに値を設定するため、コンストラクタに引数を渡して設定を行います。そのあと、show メソッドを実行すると、コンストラクタで設定されたプロパティの値が表示されます。

1-2 カプセル化・静的メンバ

POINT

- カプセル化の概念について学習する
- セッター・ゲッターでプロパティへアクセスする方法を学習する
- 静的メンバの意味と使い方について理解する

カプセル化とは何か

__カプセル化__とは、__オブジェクトの情報を隠蔽し、不整合を引き起こすような操作を防ぐための仕組みです。__

PHP の場合、プロパティは原則的に private で外部からアクセスできないようにし、必要があるもののみメソッドを使ってアクセスできるようにします。

このようなメソッドのことを__アクセスメソッド（access method）__といいます。

用語

アクセスメソッド（access method）
隠蔽されたプロパティにアクセスするためのメソッド。アクセサ（accessor）とも呼ばれる

◉ アクセスメソッドの種類

アクセスメソッドには、__セッター（setter）__と呼ばれる値を設定するためのメソッドと、__ゲッター（getter）__と呼ばれる値を取得するためのメソッドに分けられます。

読み書き両方を許可するプロパティには、セッター・ゲッターの両方が必要です。ゲッターのみ定義して、取得だけを可能にするといった使い方もあります。__また、クラス内部だけで利用し、外部からのアクセスを禁止するようなプロパティの場合、アクセスメソッドは定義しません。__

なお、アクセスメソッドには対象となるプロパティがわかるように名前を付けることが求められます。例えば、人物を表す Person というクラスがあったとします。この中に名前を表す $name というプロパティがあったとき、セッターは setName、ゲッターは getName という名前にします。

● プロパティとアクセスメソッドの命名

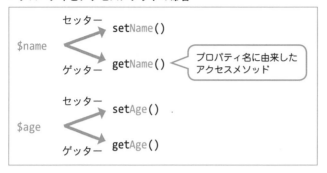

重要　アクセスメソッドはプロパティ名に由来した名前にします。

では実際に簡単なサンプルを作ってみましょう。

sample6-4.php

```php
<?php
    class Person {
        // 名前
        private $name;
        // $nameのセッター
        function setName($name) {
            $this->name = $name;
        }
        // $nameのゲッター
        function getName() {
            return $this->name;
        }
    }
    // インスタンスの生成
    $p = new Person();
    $p->setName("山田太郎");
    echo "名前：{$p->getName()}";
?>
```

● 実行結果

名前：山田太郎

◉ アクセスメソッドの仕組み

Person クラスの $name は、private が付いているので隠蔽されています。そのため、セッターの setName メソッドとゲッターの getName メソッドを呼び出してアクセスを行っています。

セッターは引数としてプロパティに設定したい値を設定します。それに対しゲッターに引数はなく、戻り値としてプロパティの値を取得できます。

● 静的メンバ

今まで説明してきたメソッドやプロパティは、すべてインスタンスを生成することで利用できるもので、**インスタンスメンバ**といいます。

これに対し、インスタンスを生成することなく利用できるメソッドやプロパティのことを、**静的メンバ**または**クラスメンバ**といいます。

インスタンスメンバは、インスタンスごとにそれぞれメソッドとプロパティを持ちます。しかし、静的メンバはインスタンスごとではなく、クラス1つに対し1つしか存在しないことが特徴です。

用語

インスタンスメンバ
インスタンスを生成しないと使えないメソッドやプロパティ。インスタンスメンバともいう

静的メンバ（クラスメンバ）
インスタンスを生成しなくても使えるメソッドやプロパティ。クラスメンバともいう

静的メンバの使用例をサンプルをとおして学習してみましょう。このサンプルでは、Car クラスのインスタンスが生成されると、1からはじまる製造番号が自動的に割り振られます。

sample6-5.php

```php
01  <?php
02      class Car {
03          private $serial = 0;      //  製造番号（インスタンスプロパティ）
04          private static $carNumber = 0;  //  生産台数（静的プロパティ）
05          //  コンストラクタ
06          function __construct() {
```

```
07          self::$carNumber++; //  静的メンバの値をインクリメント
08          $this->serial = self::$carNumber;    //  idを決める
09      }
10      //  自動車の製造番号の表示（インスタンスメソッド）
11      function showSerial() {
12          echo "  製造番号:{$this->serial}<br>";
13      }
14      //  自動車の生産台数を求める（静的メソッド）
15      static function showCarNumber() {
16          $number = self::$carNumber;
17          echo "生産台数:{$number}<br>";
18      }
19  }
20  //  自動車の生産台数の表示
21  Car::showCarNumber();
22  //  1台目の自動車の生成
23  $car1 = new Car();
24  $car1->showSerial();
25  //  自動車の生産台数の表示
26  Car::showCarNumber();
27  //  3台目までの自動車の生成
28  $car2 = new Car();
29  $car2->showSerial();
30  $car3 = new Car();
31  $car3->showSerial();
32  //  自動車の生産台数の表示
33  Car::showCarNumber();
34  ?>
```

6日目

クラスとオブジェクト／クッキーとセッション

● 実行結果

```
生産台数:0
  製造番号:1
生産台数:1
  製造番号:2
  製造番号:3
生産台数:3
```

このサンプルは、Car クラスの定義と、Car クラスに関する処理に分けられます。

Carクラス

Car クラスのメンバを表にまとめると次のようになります。

• Carクラスのメンバ

メンバの種類	名前	概要
インスタンスプロパティ	$serial	自動車のシリアルナンバー
静的プロパティ	$carNumber	自動車の生産台数を表す数値
インスタンスメソッド	showSerial	自動車のシリアルナンバー表示
静的メソッド	showCarNumber	自動車の生産台数を表示

静的メンバの定義は、メンバの先頭に static 修飾子を付けるだけです。

Car クラスの静的なプロパティは $carNumber、静的メソッドは showCarNumber メソッドです。

静的プロパティの初期値の設定

スクリプトを実行すると、最初に行われるのが Car クラスの $carNumber の値を 0 で初期化する処理です。

• $carNumberの値を0で初期化（4行目）

```
private static $carNumber = 0;
```

プロパティにはこのように初期値を代入することができます。**静的プロパティはインスタンスを生成しなくても、スクリプトを実行した時点で自動的に初期値が代入されます。**

静的メソッドの呼び出し

次の処理で、showCarNumber メソッドを呼び出しています。**このメソッドは静的メソッドなので、インスタンスを生成せずに呼び出せます。** クラス外から静的メンバを呼び出すためには「**クラス名 :: メンバ名**」とします。

• 静的メソッドの呼び出し（21行目）

```
Car::showCarNumber();
```

重要

「クラス名 :: メンバ名」で静的メンバを呼び出せます。

◉ self:: の役割

showCarNumber メソッドの内部は、次のようになっています。$number に self::$carNumber の値を代入し、その値を表示しています。

● showCarNumberメソッド（15～18行目）

```
static function showCarNumber(){
    $number = self::$carNumber;
    echo "生産台数:{$number}<br>";
}
```

self:: は、クラス内の静的メンバを呼び出すときに先頭に付ける修飾子です。self が自分自身のクラスを表します。

重要

クラス内から静的メンバを呼び出す場合、先頭に「self::」を付けます。

showCarNumber メソッドをスクリプトの最初に呼び出すと、$carNumber の初期値が 0 なので、「生産台数 :0」と表示されます。

この段階では、Car クラスのインスタンスは存在しません。しかし、**static が付いたメソッドやプロパティは、スクリプトが実行された時点で利用可能になります**。

● Carクラスのインスタンスがない状態

```
─────────── Car ───────────
    $carNumber = 0
    showCarNumber()


            インスタンス：なし


    Car::showCarNumber();  ➡  生産台数 :0
```

◉ インスタンスの生成

次に 1 つ目のインスタンスを生成し、$car1 に代入します。

● 1つ目のインスタンス生成（23行目）

```
$car1 = new Car();
```

　Car クラスのコンストラクタの中では、$carNumber の値を 1 増やし、さらにその値を $serial に代入しています。

● Carクラスのコンストラクタの処理

```
function __construct(){
    //  静的メンバの値をインクリメント
    self::$carNumber++;
    //  idを決める
    $this->serial = self::$carNumber;
}
```

　そのため、$car1 の showSerial メソッドを実行すると、「製造番号 :1」と表示されます。

● Carクラスのインスタンスが1つある状態

```
                    ─── Car ───
  $carNumber = 1  ◄--- self::$carNumber++;
  showCarNumber()
  ┌─── $car1 ───
  $serial=1 ◄----
  __construct() ----
  showSerial()


  $car1 = new Car();
  $car1->showSerial();  ➡  製造番号 : 1
```

◉ 複数のインスタンスを生成する

そのあと、$car2 と $car3 にもインスタンスを生成して代入し、$car1 と同様の処理を行います。これにより、$carNumber の値が 2、3 と増加していき、$car2 の $serial が 2、$car3 の $serial が 3 となります。

● Carクラスのインスタンスが複数ある状態

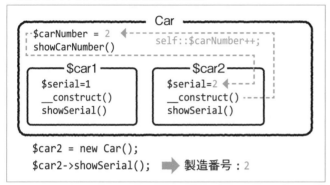

```
$car2 = new Car();
$car2->showSerial();   ▶ 製造番号：2
```

<u>インスタンスが増えればそれぞれが $serial を持ちますが、$carNumber は 1 つしか存在せずスクリプト内で共有されていることが結果からわかります。</u>

重要　静的メンバはインスタンスがいくつできてもスクリプト内で 1 つしか存在しません。

example6-2.php の City クラスに定義されているプロパティ（$name、$prefecture）を隠蔽し、それぞれのセッター・ゲッターを定義して、変更前と同じ結果が得られるようにしなさい。

example6-2.php（変更前）

```
01  <?php
02      class City {
03          //  名前
04          public $name;
05          //  県
06          public $prefecture;
07      }
08      //  インスタンスの生成
09      $c = new City();
10      //  プロパティの値の設定
11      $c->name = "横浜市";
12      $c->prefecture = "神奈川県";
13      //  プロパティの値の取得
14      echo "{$c->name}は{$c->prefecture}にあります。<br>";
15  ?>
```

● **実行結果**

横浜市は神奈川県にあります。

 解答例と解説

　プロパティの public 修飾子を private 修飾子に変更したあと、それぞれのアクセスメソッドを定義します。$name は setName メソッドと getName メソッド、$prefecture は setPrefecture メソッドと getPrefecture メソッドがセッター・ゲッターになります。そのあと、これらのメソッドを呼び出すようにスクリプトを変更します。

example6-2.php（変更後）

```php
<?php
    class City {
        // 名前
        private $name;
        // 県
        private $prefecture;
        // 追加したアクセスメソッド
        function setName($name) {
            $this->name = $name;
        }
        function getName() {
            return $this->name;
        }
        function setPrefecture($prefecture) {
            $this->prefecture = $prefecture;
        }
        function getPrefecture() {
            return $this->prefecture;
        }
    }
    // インスタンスの生成
    $c = new City();
    // プロパティの値の設定
    $c->setName("横浜市");
    $c->setPrefecture("神奈川県");
    // プロパティの値の取得
    echo "{$c->getName()}は{$c->getPrefecture()}にあります。<br>";
?>
```

2 継承

- ● 継承の概念と実装方法について理解する
- ● 親クラス・子クラスの関係性について理解する
- ● 継承の応用例について学習する

2-1 継承

POINT

- ・継承の概念について理解する
- ・親クラス・子クラスの概念について理解する
- ・protected 修飾子の使い方について学習する

● 継承とは何か

　クラスには機能を拡張する仕組みがあります。その中でもっとも代表的な仕組みが**継承（けいしょう）**です。継承は、**あるクラスのメンバをほかのクラスに引き継ぐ（継承させる）効果があります**。

◉ 継承の考え方

　自動車といえば、乗用車をイメージされるかもしれませんが、実際にはさまざまな種類が存在します。例えば、警察車両であるパトカー、荷物を運ぶトラック、さらには緊急車両である救急車などがあります。それらは「自動車」でありながら、それぞれの用途に応じて機能が拡張されています。

　このように、基本となるクラスの性質を受け継ぎ、独自の拡張をすることを継承といいます。継承のもととなるクラスのことを、**親クラス**、**スーパークラス**、**基底クラス**などと呼びます。それに対し、親クラスを継承して独自機能を実装したクラスのことを、**子クラス**、**サブクラス**、**派生クラス**などと呼びます。

前述の自動車の例でいえば、自動車クラスが親クラス、トラックや救急車などが子クラスということになります。

● 継承のイメージ

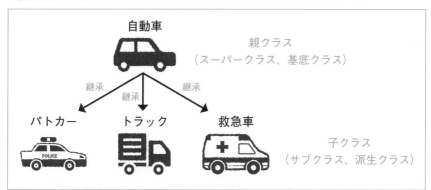

自動車

親クラス
（スーパークラス、基底クラス）

継承　　継承　　継承

パトカー　　トラック　　救急車

子クラス
（サブクラス、派生クラス）

継承の実装

継承のサンプルを入力・実行してみましょう。

sample6-6.php

```php
<?php
    // 計算クラス（足し算・引き算しかできない）
    class Calc {
        // 数値1
        protected $num1;
        // 数値2
        protected $num2;
        // 値の設定
        function setNumbers($num1, $num2) {
            $this->num1 = $num1;
            $this->num2 = $num2;
        }
        // 足し算の結果表示
        function add() {
            $ans = $this->num1 + $this->num2;
            echo "{$this->num1} + {$this->num2} = {$ans}<br>";
        }
        // 引き算の結果取得
        function sub() {
```

```
20          $ans = $this->num1 - $this->num2;
21          echo "{$this->num1} - {$this->num2} = {$ans}<br>";
22      }
23  }
24  //  拡張計算クラス（掛け算・割り算もできる）
25  class CalcEx extends Calc {
26      //  掛け算の結果表示
27      function mul() {
28          $ans = $this->num1 * $this->num2;
29          echo "{$this->num1} × {$this->num2} = {$ans}<br>";
30      }
31      //  割り算の結果取得
32      function div() {
33          $ans = $this->num1 / $this->num2;
34          echo "{$this->num1} ÷ {$this->num2} = {$ans}<br>";
35      }
36  }
37  //  インスタンスの生成
38  $calc = new CalcEX();    // CalcEXクラスのインスタンス生成
39  //  値の設定
40  $calc->setNumbers(12, 3);
41  //  加減乗除の計算の実行
42  $calc->add();    //  加算（Calcクラスのメソッド）
43  $calc->sub();    //  減算（Calcクラスのメソッド）
44  $calc->mul();    //  乗算（CalcExクラスのメソッド）
45  $calc->div();    //  除算（CalcExクラスのメソッド）
46  ?>
```

● **実行結果**

```
12 + 3 = 15
12 - 3 = 9
12 × 3 = 36
12 ÷ 3 = 4
```

◎子クラスの定義

　ここでは加算・減算の機能を持つ Calc クラスと、それを継承した乗算・除算の機能を持つ CalcEx クラスを定義しています。

　別のクラスを親クラスに指定したクラス定義は次のようになります。

• 子クラスの定義

```
class 子クラス名 extends 親クラス名 {
    ...
}
```

CalcEx クラスは Calc クラスを継承しています。**つまり Calc クラスが親クラス、CalcEx クラスが子クラスです**。

CalcEX クラスは、Calc クラスの setNumber メソッド、add メソッド、sub メソッドを呼び出せます。さらに、CalcEX クラスの独自機能である、mul メソッドと div メソッドも呼び出せます。

◎ protected修飾子

Calc クラスの $num1 と $num2 の先頭に、protected を付けています。protected は**外部からはアクセスできませんが、子クラスからはアクセスを許可する修飾子です**。

そのため、$num1 と $num2 は Calc クラスだけではなく、子クラスである CalcEX クラスでも利用できます。

重要

protected が付いたメンバはクラス内もしくは子クラス内から利用できます。

2-2 継承の応用

POINT

- 抽象クラスの概念について学ぶ
- 抽象クラスの定義と実装方法について学ぶ

● 抽象クラスとオーバーライド

継承を応用した**抽象クラス**について説明します。抽象クラスとは、**抽象メソッド**が 1 つ以上定義されたクラスです。抽象メソッドは、メソッド名と引数だけを定義し、メソッド内の処理は記述しません。抽象メソッドは、子クラスに処理を実装（記述）します。書式は次のとおりです。

● **抽象クラスの書式**

```
abstract class クラス名 {
    ・・・
    abstract アクセス修飾子 function 抽象メソッド(引数);
    ・・・
}
```

class の前の **abstract 修飾子**は、このクラスが抽象クラスであることを示しています。さらに、**抽象メソッドの先頭にも abstract 修飾子を付ける必要があります。**

抽象メソッドには何も処理が記述されません。**そのため、抽象クラスを継承した子クラスでそのメソッドをオーバーライドする必要があります。**

オーバーライドとは、子クラスで親クラスにあるメソッドと同じ名前、同じ型の引数、同じ型の戻り値を返すメソッドを定義することで、抽象クラスはこの仕組みを使って子クラス内に処理を実装させます。

このほかに抽象クラスには、抽象メソッド以外の通常のメソッドやプロパティの定義も可能です。なお、**抽象クラスのインスタンスは生成できません。**

注意

・抽象クラスのインスタンスは生成できません
・抽象メソッドは子クラスでオーバーライドするかたちで実装します

では実際に、抽象クラスを利用した簡単なサンプルを作ってみましょう。

abslist.php

```php
01  <?php
02      //  リスト生成クラス（抽象クラス）
03      abstract class AbsList {
04          //  リストの開始（抽象メソッド）
05          abstract function startList();
06          //  リストの終了（抽象メソッド）
07          abstract function endList();
08          //  リスト生成メソッド
09          function show($array) {
10              $this->startList();
11              foreach ($array as &$value) {
12                  echo "<li>" . $value . "</li>\n";
13              }
14              $this->endList();
15          }
16      }
17  ?>
```

ullist.php

```php
01  <?php
02      //  親クラスの読み出し
03      require_once("abslist.php");
04      //  リストクラス（ulによるリスト）
05      class UlList extends AbsList {
06          //  リストの開始（実装）
07          function startList() {
08              echo "<ul>\n";
09          }
10          //  リストの終了（実装）
11          function endList() {
12              echo "</ul>\n";
13          }
14      }
15  ?>
```

sample6-7.php

```php
01  <!DOCTYPE html>
02  <html>
03  <head>
04      <title>リストの生成</title>
05      <meta charset="UTF-8">
```

```
06  </head>
07  <body>
08      <h1>都道府県のリスト</h1>
09      <?php
10          require_once("ullist.php");
11          //  UlListクラスのインスタンスの生成
12          $ls = new UlList();
13          //$ls = new AbsList();
14          $data = ["東京都", "大阪府", "愛知県"];
15          $ls->show($data);
16      ?>
17  </body>
18  </html>
```

◎ **サンプルの実行結果**

実行確認は、sample6-7.php を Web ブラウザで実行させてください。

• **実行結果**

ここでは HTML のリストを作る抽象クラスの AbsList クラスと、それを実装する UlList クラスによってリストを生成しています。

UlList クラスでは、リストの開始と終了のタグを表示する抽象メソッドである startList メソッドと endList メソッドをオーバーライドしています。

最初に UlList クラスのインスタンスを生成し、引数として「東京都」「大阪府」「愛知県」という 3 つの文字列を持つ配列を show メソッドに与えています。

- 生成されたリストの中身

```
<ul>
<li>東京都</li>
<li>大阪府</li>
<li>愛知県</li>
</ul>
```

◉ 抽象クラスの実装

　リストを生成するのは AbsList クラスの show メソッドで、最初に startList メソッドを呼び出したあと、引数で与えられたリストを表示して、最後に endList メソッドで終了します。

　startList メソッドと endList メソッドの実装を行っているのが、子クラスである UlList クラスです。このクラスでは、startList メソッドで <ul> タグ、endList で </ul> を表示しています。

- 表示されたHTMLとメソッドの関係

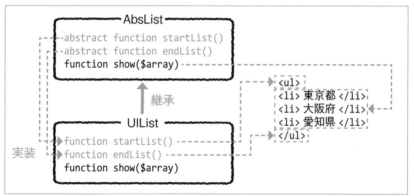

　この結果からわかるとおり、子クラスを変えれば、**親クラスである AbsList クラスを変更することなく <ol> タグ、endList メソッドで </ol> タグを生成して、リストを簡単に作れます。**

　265 ページの例題 6-3 では、AbsList クラスを継承した別の子クラスを定義するので、挑戦してみてください。

◉ 抽象クラスはインスタンスを作ることができない

試しに sample6-7.php の 12 行目に // を付け、逆に 13 行目の // を削除してみてください。

• **コメントアウトの入れ替え（sample6-7.php／12、13行目）**

```
//$ls = new UlList();
$ls = new AbsList();
```

すると、次のようなエラーメッセージが表示されます。

• **発生するエラーメッセージ**

```
Fatal error: Uncaught Error: Cannot instantiate abstract class AbsList in
C:\MAMP\htdocs\chapter6\sample6-7.php:13 Stack trace: #0 {main} thrown in
C:\MAMP\htdocs\chapter6\sample6-7.php on line 13
```

このことから**抽象クラスのインスタンスを生成できない**ことがわかります。

◉ HTMLの改行

サンプル中に「\n」という HTML のエスケープシーケンスが使われています。

• **「\n」を入れた場合と入れない場合の違い**

「\n」をタグの最後に入れた場合の HTML

```
<ul>
<li> 東京都 </li>
<li> 大阪府 </li>
<li> 愛知県 </li>
</ul>
```

「\n」入れていない場合の HTML

```
<ul><li> 東京都 </li><li> 大阪府 </li><li> 愛知 </li></ul>
```

「\n」を入れることで HTML タグの記述が改行されます。Web ブラウザでの表示には影響しないのですが、**PHP で HTML を表示する際、HTML 部分を見やすくするために役立つテクニックとして覚えておくとよいでしょう。**

例題 6-3 ★ ☆ ☆

numlist.php というファイルに、抽象クラスの AbsList クラスを継承し、<ol> 〜 </ol> による番号付きのリストを生成する NumList クラスを定義しなさい。さらに、example6-3.php というファイルに、NumList クラスを使って、次のようなリストを表示させなさい。

● **期待される実行結果**

解答例と解説

NumList クラスは、UlList の場合と同様に、抽象クラスである AbsList を継承し、startList および endList メソッドを実装します。前者では <ol>、後者では </ol> を表示します。

numlist.php

```php
01  <?php
02      // 親クラスの読み出し
03      require_once("abslist.php");
04      // 番号リストクラス（olによるリスト）
05      class NumList extends AbsList {
06          // リストの開始（実装）
07          function startList() {
08              echo "<ol>\n";
09          }
10          // リストの終了（実装）
11          function endList() {
12              echo "</ol>\n";
13          }
```

```
14        }
15    ?>
```

これを表示するには次のようなスクリプトを作ります。

example6-3.php

```
01    <!DOCTYPE html>
02    <html>
03    <head>
04        <title>リストの生成</title>
05        <meta charset="UTF-8">
06    </head>
07    <body>
08        <h1>都道府県のリスト</h1>
09        <?php
10            require_once("numlist.php");
11            //  UlListクラスのインスタンスの生成
12            $ls = new NumList();
13            $data = ["東京都", "大阪府", "愛知県"];
14            $ls->show($data);
15        ?>
16    </body>
17    </html>
```

● 表示される番号付きリスト

```
<ol>
<li>東京都</li>
<li>大阪府</li>
<li>愛知県</li>
</ol>
```

sample6-7.php との違いは、**生成するインスタンスが NumList クラスのものになっただけです。** 呼び出し方自体は変わっていませんが、番号付きリストが表示されます。

以上のように、**抽象クラスを作ると類似のクラスを簡単に作ることができるのがわかります。**

3 クッキーとセッション

- クッキーとセッションの仕組みについて学習する
- セッションについて理解する

3-1 クッキーとセッション

- クッキーとセッションの意味と連携について理解する
- セッションを使った簡単なスクリプトを作る

クッキーとセッションとは何か

Web アプリでデータを保持する方法である**クッキー（cookie）**と**セッション（session）**について説明します。

◎ クッキーとは
クッキーとは Web に関連する情報をブラウザに保存させる仕組みのことを指す言葉です。

例えば、SNS や EC サイトなどで、ID とパスワードを入力してログインします。そのあと、一度ページを離れて再度アクセスした際、ID とパスワードを入力せずにログインした状態になっているのは、前回の接続情報がクッキーで Web ブラウザに保存されているためです。

◎ セッションとは
セッションとは Web サーバ内に情報を保存し、複数ページ間で共有する仕組みのことです。

例えば、EC サイトのカート機能などは、複数の商品ページを移動し、カートに追加した各商品の情報をずっと保持している必要があります。

　このような場合、セッションを利用することで、複数ページ間でデータを共有できます。なお、セッションには生成時に Web サーバで**セッション ID** と呼ばれる ID が割り振られ、それによって区別されます。

◉ クッキーとセッションの連携

　Web アプリではこのクッキーとセッションを連携させます。例えば、EC サイトに ID とパスワードを入力してログインすると、サーバからセッション ID が割り振られ、それらの値がクッキーに保存されます。

次回アクセス時には、このクッキーに保存された ID とパスワードですんなりログインできるうえに、セッション ID がサーバに送付され、そこに紐付けられたカートを開くことができます。

● クッキーとセッションの連携①

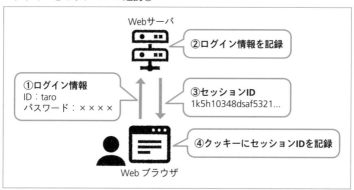

　また SNS に複数の人がアクセスした際、それぞれのユーザーを特定できるのは、異なるセッション ID が割り振られるためです。**セッション ID によってアクセスするユーザーを特定できるので、複数の人が同時にサイトにアクセスしても、それぞれのユーザーが自分のマイページにアクセスすることが可能なのです。**

重要

クッキーとセッションを連携させることで Web アプリのユーザーを識別できます。

● クッキーとセッションの連携②（ユーザーごとにセッションIDが割り振られる）

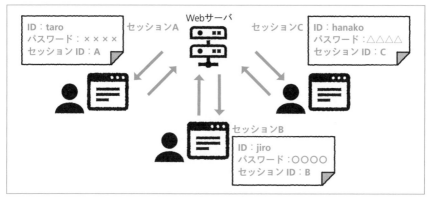

● PHP でセッションを利用する

ここではセッションを利用する方法を簡単に紹介しておきます。

まずは次のサンプルを入力してみてください。

sample6-8_1.php

```
01 <!DOCTYPE html>
02 <html>
03 <head>
04     <title>セッションの活用1</title>
05     <meta charset="UTF-8">
06 </head>
07 <body>
08     <h1>セッションの値の生成</h1>
09     <?php
10         session_start(); //  セッションスタート
11         $_SESSION["data"] = "PHP";
12         echo "<p>セッションID:" . session_id() . "</p>";
13         echo "<p>設定した値:{$_SESSION["data"]}</p>";
14     ?>
15     <a href="sample6-8_2.php">次へ</a>
16 </body>
17 </html>
```

sample6-8_2.php

```
01  <!DOCTYPE html>
02  <html>
03  <head>
04      <title>セッションの活用2</title>
05      <meta charset="UTF-8">
06  </head>
07  <body>
08      <h1>セッションの値の確認</h1>
09      <?php
10          session_start(); //
11          echo "<p>セッションID:" . session_id() . "</p>";
12          echo "<p>設定した値:{$_SESSION["data"]}</p>";
13      ?>
14      <a href="sample6-8_1.php">トップへ</a>
15  </body>
16  </html>
```

確認をするときは「sample6-8_1.php」を Web ブラウザで表示してください。

● 実行結果①

sample6-8_1.php を表示すると、セッション ID と $_SESSION["data"] の値が表示
されます。**セッション ID は実行環境や実行するタイミングによって異なります。$_
SESSION はセッション変数といい、セッションに値を保存するために利用する連想
配列が入る特殊変数です。**ここでは $_SESSION["data"] に "PHP" を代入しています。

　［次へ］をクリックすると、次の画面（sample6-8_2.php）に遷移しますが、画面
が変わっても同一のセッション ID と $_SESSION["data"] の値、つまり「PHP」が表
示されます。

● 実行結果②

◎ スクリプトの流れ

最初の画面を表示すると session_start 関数によって Web サーバに新しいセッションが作成されそこに接続されます。その結果セッション ID が割り振られ、session_id 関数で値を取得できます（①）。次に $_SESSION["data"] に "PHP" という文字列を代入します（②）。

［次へ］をクリックしてページ遷移すると、再び session_start 関数が実行されます。2 回目以降はすでに作成されているセッションに接続します（③）。そのため、前ページと同一の ID を持つセッションに接続され、$_SESSION["data"] の値を取得すると "PHP" が得られます（④）。

このようにセッションを利用すると、ページが遷移してもセッション変数で定義した値をそのまま利用できるのです。なお、**作成したセッションは session_destroy 関数で破棄するまで利用できます。**

● セッションの利用のイメージ

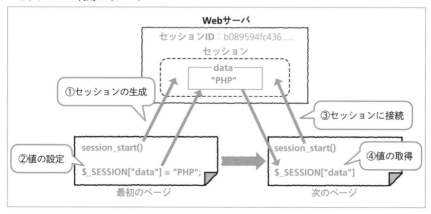

4 練習問題

● 正解は 340 ページ

✎ 問題 6-1 ★ ☆ ☆

sample6-6.php(257 ページ) の 40 行目を次のように変更すると問題が発生する。

● **sample6-6.php（40行目を変更）**

```
$calc->setNumbers(12, 0);
```

● **実行結果（変更後）**

```
12 + 0 = 12
12 - 0 = 12
12 × 0 = 0

Warning: Division by zero in C:\MAMP\htdocs\chapter6\sample6-6.php on line
33
12 ÷ 0 = INF
```

これは 0 での割り算ができないためである。このような場合、次のようになるよう に表示できるようスクリプトを修正しなさい。

なお、ファイル名は prob6-1.php とすること。

● **期待される実行結果**

```
12 + 0 = 12
12 - 0 = 12
12 × 0 = 0
12 ÷ 0 は計算できません。
```

問題 6-2 ★ ☆ ☆

prob6-2.php の Country クラスに定義されているプロパティを隠蔽し、アクセスメソッドを使ってプロパティに値を設定・取得するようにスクリプトを変更しなさい。

prob6-2.php（変更前）

```
01  <?php
02      //  国クラス
03      class Country{
04          //  国名
05          public $name;
06          //  首都
07          public $capital;
08      }
09      $c = new Country();
10      $c->name = "日本";
11      $c->capital = "東京";
12      echo "{$c->name}の首都は{$c->capital}です。";
13  ?>
```

● **実行結果**

日本の首都は東京です。

6日目

クラスとオブジェクト／クッキーとセッション

問題 6-3 ★ ★ ☆

prob6-3.php というファイルに、与えられた文字列が郵便番号かどうかをチェックする ZipCheck クラスを作りなさい。また、ZipCheck クラスには、次のコンストラクタとメソッドを定義しなさい。

- コンストラクタに引数として文字列を与える
- isZip メソッドがあり、コンストラクタの引数として与えた文字列が郵便番号であれば、true、そうでなければ false を返す
- getStr メソッドでコンストラクタの引数として与えた文字列を取得できる

さらに ZipCheck クラスを活用して、prob6-3.php に次のような実行結果を得られるスクリプトを作りなさい。

なお、郵便番号の正規表現は「^[0-9]{3}-[0-9]{4}1$」を使うこと。

- **実行結果**

```
171-0022は郵便番号です。
1710022は郵便番号ではありません。
```

7日目

データベースを使ったアプリの作成

1 データベースの操作

- ⏵ phpMyAdmin を使ってデータベースを操作する方法について学習する
- ⏵ SQL の基本的な文法を学習する

1-1 データベースの基本操作

- データベースの基本について学習する
- phpMyAdmin で MySQL を操作する
- データベースの一覧とテーブルの一覧を取得する

● データベースとは

7日目では、PHP でデータベースを操作する方法について学習します。まずは、データベースの基本について学習します。

2日目でも説明したようにデータベースは、データを保存、整理、検索できるシステム（仕組み）のことです。データを管理する方法はいくつかあるのですが、一般的にデータベースといえば RDB（Relational Database：リレーショナルデータベース）のことを指します。

RDB とは、データに関連性（リレーション）を持たせて管理するデータベースのことです。RDB では、すべてのデータを**テーブル**と呼ばれる表で表現します。テーブルは**列（カラム）**と**行（レコード）**で構成され、レコードの各要素のことを**フィールド**といいます。

● RDBの基本的構造

表（テーブル）　　　　　　　　　列（カラム）

社員番号	社員名	部門番号	入社年
1010	山田	4	2001
1011	林	5	2005
1012	東	3	2012
1013	太田	5	2018

行（レコード）→

フィールド

phpMyAdmin とは

　MAMP には、MySQL（マイ・エスキューエル）という RDB を管理するためのソフトウェアが含まれています。通常、MySQL をはじめとするデータベースはサーバとして機能しており、何らかのソフトウェアからアクセスすることを前提としています。そのため MySQL が動作するサーバは、一般的に **MySQL サーバ**と呼ばれます。MySQL の操作には、データベースを管理するための**クライアントツール**が必要です。

◉ クライアントツールでMySQLを操作する

　データベースにデータを保存したり、データを検索したりするような操作を行うには、SQL（Structured Query Language）というデータベース言語を使います。クライアントツール上で MySQL を操作する**命令（クエリ）**を MySQL サーバに送ります。すると、MySQL サーバ内で命令が実行され、得られた結果がクライアントツールに送り返されます。phpMyAdmin はそういったクライアントツールの 1 つです。

　なお、SQL で書いた命令のことを SQL クエリといいます。

● データベースとクライアントツール

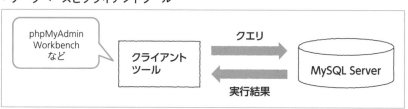

277

phpMyAdminを起動する

実際に、MAMP から phpMyAdmin を起動してみましょう。

phpMyAdmin を起動するには、MySQL サーバが起動している必要があります。[MySQL Server] の右側にある丸が緑の状態で、[Open WebStart page] をクリックすると、Web ブラウザが起動し、MAMP の Web スタートページが表示されます。

- MAMPのWebスタートページの起動

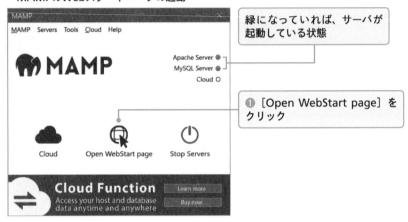

緑になっていれば、サーバが起動している状態

❶ [Open WebStart page] を
クリック

MAMP の Web スタートページは、Web ブラウザ上で MAMP を操作できます。

- MAMPのWebスタートページの起動

では、早速 phpMyAdmin を起動してみましょう。MAMP の Web スタートページ
で［TOOLS］-［PHPMYADMIN］をクリックします。

● **phpMyAdminを起動する**

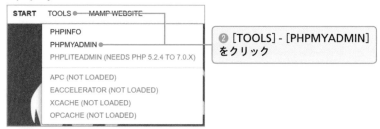

② ［TOOLS］-［PHPMYADMIN］
をクリック

データベースを使ったアプリの作成

phpMyAdmin が起動すると、Web ブラウザに次のような画面が表示されます。

● **phpMyAdminのトップ画面**

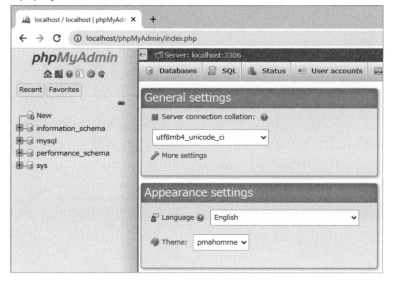

◉ **phpMyAdminを日本語化**

phpMyAdmin の初期状態はメニューなどが英語で表示されるため、日本語表示に
設定を変更しましょう。Appearance settings の［Language］で［日本語］を選択し
ます。

- phpMyAdminを日本語化

① [日本語] を選択

変更すると、次のように phpMyAdmin の画面が日本語化されます。

- 日本語化されたphpMyAdmin

phpMyAdmin の使い方

次に、ツールの基本操作について説明します。

◎ データベース一覧の取得

MySQL は、複数のデータベースを定義できます（詳細は後述）。

画面左側に定義されているデータベースの一覧が表示されます。MySQL をインストールした時点で、システムが利用するデータベースがいくつか用意されています。これらはシステムが利用するデータベースなので、消さないように気を付けてください。

● データベース一覧

 注意 MySQL のシステムにもともと用意されているデータベースを消さないように気を付けましょう。

◎ データベース内にあるテーブルを確認する

データベースの中にはテーブルが存在します。テーブルは SQL クエリを使って確認できますが、phpMyAdmin の GUI を操作して確認することもできます。

［mysql］の左にある［+］をクリックすると、mysql データベースのテーブル一覧が表示されます。

● データベース内のテーブルの確認

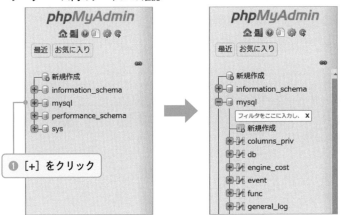

❶［+］をクリック

表示をもとに戻す場合は、［-］をクリックします。

◉ SQLクエリを実行する

SQL クエリを実行するには、画面中央上側にある [SQL] をクリックして、クエリボックスに SQL クエリを入力します。

● クエリボックスを表示する

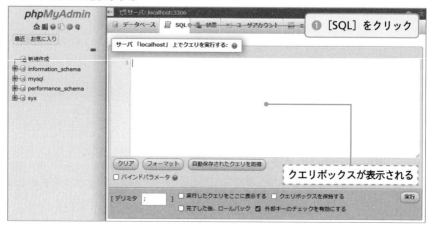

クエリボックス内ではカーソルが点滅していることが確認できます。キーボードで次の SQL クエリを入力してみましょう。

● SQLクエリ

```
SHOW DATABASES;
```

これはデータベースの一覧を取得するクエリです。入力が完了したらクエリボックスの下にある［実行］をクリック、もしくは Alt + Enter キーを押すと実行されます。すると画面左側のデータベース一覧と同じ名前の一覧が取得できます。

● SQLクエリを実行する

SQL クエリの実行が成功すると、「SQL は正常に実行されました。」と表示されます。タイトルが「Database」となっている表に MySQL のデータベース一覧が確認できます。

● SQLクエリを実行する

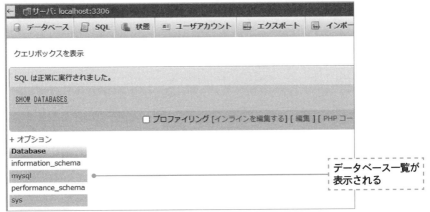

1-2 MySQL の基本

- MySQL の基本構造と用語について理解する
- MySQL で扱えるデータ型について理解する
- MySQL のリテラルについて理解する

MySQL の基本構造

MySQL は、<u>データベース（database）という箱の中で複数のテーブル（table）を管理する仕組みになっています。</u>

● データベースとテーブル・インデックスの関係性

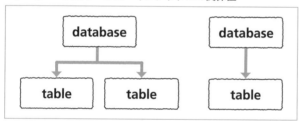

データ型

PHP と同じように、MySQL にも数値、文字列、日付などデータの種類に応じた型があります。ここでは、使用頻度が高いデータ型を紹介します。

◉ 数値

MySQL で扱える数値には、整数を扱うための **INT 型**や、実数（小数点が付いた値）を扱うための **FLOAT 型**があります。

固定小数点は金銭データを扱う場合や正確な精度を保持することが重要な場合に使用し、範囲の広い実数を扱いたい場合は浮動小数点を使います。

● 数値型

数値の種類	代表的データ型の種類
整数	INT、BIGINT、TINYINTほか
固定小数点	DECIMAL、NUMERICほか
浮動小数点	FLOAT、DOUBLEほか

◎ 文字列

MySQL で扱える文字列の型には、次のようなものがあります。

● 文字列型

型	特徴
CHAR	固定長文字列
VARCHAR	可変長文字列
TEXT	文字列データを扱うデータ型で格納できるデータのサイズを指定しない

　CHAR 型は長さを 5 とする場合、CHAR(5) と表します。仮に、「DOG」という 3 文字を CHAR(5) に格納すると 2 文字分余りますが、余った部分にはスペースが入ることで長さが 5 になります。これを固定長といいます。データを取り出すときはこのスペースは削除されます。

　VARCHAR 型も長さを 5 とする場合、VARCHAR(5) と表しますが、「DOG」という 3 文字を格納すると長さは 3 と表現されます。

　なお両方とも、指定した文字列を超えた値が入力されると、**オーバーした分がカットされます**。

● CHAR型とVARCHAR型

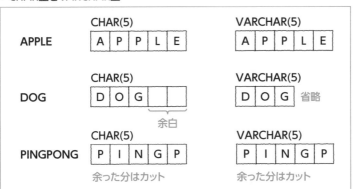

● NULL値

NULL（ヌル）値はデータが存在しないことを表す値で、どの型にも入れることができます。文字列における空文字 " " や数値の 0 とは異なります。

レコードが作成されたものの、データを追加する際に値が渡されなかったカラムの値は NULL になります。

● 実際にデータベースとテーブルを構築してみる

では実際にデータベースを作り、データベースにテーブルを作ってみましょう。次の SQL クエリをクエリボックスに入力して、［実行］をクリックしてください。

なお、7 日目で実行する SQL クエリは、2 ページで紹介している URL から取得できる「サンプル SQL クエリ .txt」にまとめてあります。こちらのテキストファイルから、該当する行をコピー＆ペーストして実行しても構いません。

SQLSample1（サンプル **SQL** クエリ **.txt／2〜20行目**）

```
01  # schoolデータベースがあれば削除する
02  DROP DATABASE IF EXISTS school;
03  # データベースschoolを作成する。
04  CREATE DATABASE school;
05  # データベースをschoolに切り替える
06  USE school;
07  # テーブルstudentを作成する。
08  CREATE TABLE student(
09      id      INT PRIMARY KEY,
10      name    VARCHAR(128),
11      grade   INT
12  );
13  # データの挿入
14  INSERT INTO student (id, name,grade) VALUES(1001, '山田太郎', 1);
15  INSERT INTO student (id, name,grade) VALUES(1002, '児玉雄太', 1);
16  INSERT INTO student (id, name,grade) VALUES(2001, '太田隆', 2);
17  INSERT INTO student (id, name,grade) VALUES(2002, '佐藤元', 2);
18  INSERT INTO student (id, name,grade) VALUES(3001, '林敦子', 3);
19  INSERT INTO student (id, name,grade) VALUES(3002, '市川次郎', 3);
```

● クエリボックスにSQLクエリを入力して実行

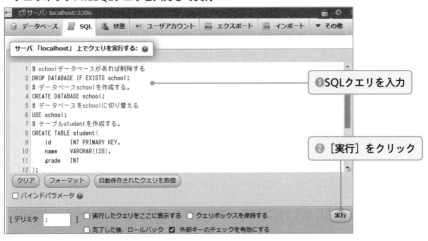

282 ページで実行した SQL クエリでデータベースの一覧を表示すると、データベースの一覧の中に「school」が追加されていることがわかります。

● schoolデータベース完成

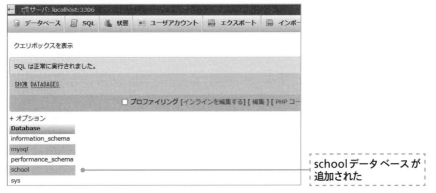

◎ データベースの削除

実行した SQL クエリの内容を確認してみましょう。2 行目では、DROP DATABASE 文でデータベースを削除しています。

● データベースの削除①（削除するデータベースが存在しなければエラー）

```
DROP DATABASE (データベース名);
```

　しかし、対象のデータベースが存在しない場合、エラーになってしまいます。次のようにすると、データベースがない場合でもエラーにはなりません。

● データベースの削除②（削除するデータベースが存在しなくてもエラーにならない）

```
DROP DATABASE IF EXISTS (データベース名);
```

　IF EXISTS を付けることで、対象のデータベースが存在しているときのみ、削除する処理を実行します。
　つまり、2 行目では school データベースが存在する場合、school データベースを削除します。

◉ データベースの生成とデフォルトのデータベースの選択

　続いて、「CREATE DATABASE school;」で school というデータベースを作ります。そのあと、デフォルトデータベースを school にしています。

● デフォルトデータベースの指定

```
USE (データベース名);
```

　テーブルを操作するときは、通常「データベース名 . テーブル名」という書式でテーブルを指定する必要がありますが、デフォルトデータベースに指定されたテーブルを操作する場合は、データベース名を省略できます。
　MySQL では複数のデータベースが存在するので、USE でデフォルトデータベースを指定しておくと、SQL クエリを短くできます。

◉ テーブルの作成

　次に CREATE TABLE 文で student テーブルを作成しています。

● 作成したテーブル

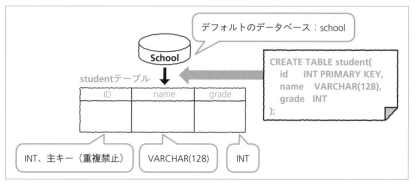

● CREATE TABLEの書式

```
CREATE TABLE テーブル名 (
    カラム名1 データ型 オプション,
    カラム名2 データ型 オプション,
    ...
);
```

　テーブルを作成する際には、テーブルのカラム情報を書きます。カラム定義は、カラムの名前とデータ型、オプションの組み合わせです。オプションは、そのカラムを主キーに指定する場合などに利用します。

　idカラムには学生番号、nameカラムには生徒名、gradeカラムには学年を表す値を入れます。idカラムにはINT型の整数を入れます。**PRIMARY KEY**は**主キー**を表すオプションで、**同一カラム内で値が重複しないように制限を設けます**。また、nameカラムはVARCHAR(128)なので最大128文字の文字列、gradeカラムはidカラムと同じく整数を入れます。

◎ **データの挿入**

　INSERT INTO文を使うと、テーブルにデータを挿入できます。書式は次のとおりです。

● INSERT INTOの書式

```
INSERT INTO データベース名.テーブル名 (カラム名1, カラム名2, ...) VALUES
(値1, 値2, ...);
```

カラム名 1 に値 1、カラム名 2 に値 2、……とデータが挿入されます。データを追加するテーブルには、通常複数のカラムが存在しています。データを追加するときに値を指定したいカラムを列挙し、そのカラムの数だけ値を指定します。

もう少し具体的に次の処理を例に考えてみましょう。

・ INSERT INTOの例

```
INSERT INTO student (id, name, grade) VALUES (1001, '山田太郎', 1);
```

この処理では、student テーブルの「id」カラムに「1001」、「name」カラムに「山田太郎」、「grade」カラムに「1」が挿入されます。

なお通常先頭にデータベース名を表す「school.」を付けますが、デフォルトデータベースに school が指定されているので、ここではデータベース名の省略が可能です。

◎ **コメント**

SQL クエリの中に「#」ではじまる行がありますが、これはコメントです。PHP のスクリプトでコメントを入れられるように、SQL クエリにもコメントを入れられます。

 **SELECT 文**

- SELECT 文の使い方について学習する
- 条件付きの SELECT 文の使い方を学ぶ

SELECT 文

SQLSample1 を実行すると、school データベースとその中に student テーブルが作成され、student テーブルにデータが挿入されます。しかし、本当にデータが挿入されているのか不安です。

SELECT 文を使って、テーブルのレコードを取得してみましょう。

◉ テーブルの内容を確認する

SELECT 文でレコードを取得するための書式は次のとおりです。

- **SELECT文でレコードを取得する**

```
SELECT * FROM データベース名.テーブル名;
```

早速これを利用して、student テーブルのレコードを確認しましょう。

SQLSample2
```
01  SELECT * FROM school.student;
```

- **実行結果**

実行結果から、student テーブルにデータが保存されていることを確認できます。

◉ 特定のカラムのデータのみを表示

SELECT 文で、テーブルから特定のカラムの値のみを取得することが可能です。その際の書式は次のとおりです。

- **特定のカラムの値を取得するSELECT文の書式**

```
SELECT カラム名, カラム名2, ...  FROM データベース名.テーブル名;
```

複数のカラム名を指定したい場合には、間を ,（カンマ）で区切ります。
早速、student テーブルの id カラムと name カラムの値を取得してみましょう。次の SQL クエリを実行してみてください。

SQLSample3
```
01  SELECT id, name FROM school.student;
```

● 実行結果

　実行結果から student テーブル内の id カラムと name カラムの値のみが取得でき
たことがわかります。

● 条件付きの SELECT 文

　検索条件は、SELECT 文のあとに WHERE 句を付けて条件を記述します。なお、
WHERE 句で条件を付けて、取得するレコードを絞りこむことを選択といいます。

　WHERE 句を含む SELECT 文の書式は次のようになります。

● WHERE句を使った書式

```
SELECT ... FROM データベース名.テーブル名 WHERE 条件式;
```

　その結果、WHERE 句に記述した条件に当てはまる行のみ出力されます。

　では早速、条件式を含む SELECT 文のサンプルを実行してみましょう。

SQLSample4

```
01 SELECT * FROM school.student WHERE grade = 2;
```

● 実行結果

　この条件式は、grade カラムの値が 2 のレコードのみ選択して取得しています。

　なお、WHERE 句の検索条件に使える比較演算子は次のとおりです。

- **WHERE句で使える比較演算子**

演算子	意味
=	等しい（同じ）
<	より小さい
>	より大きい
<=	以下
>=	以上
<>、!=	等しくない

次の SQL クエリは、name カラムの値が「山田太郎」ではないレコードの name カラムの値を取得します。

SQLSample5

```
01  SELECT name FROM school.student WHERE name <> "山田太郎";
```

- **実行結果**

また、次の SQL クエリは grade カラムの値が 2 以上のレコードの id カラムと name カラムの値を取得します。

SQLSample6

```
01  SELECT id, name FROM school.student WHERE grade >= 2;
```

- **実行結果**

● 複数の条件

WHERE 句の条件式に「AND」や「OR」を使うと複数の条件を記述できます。

「AND」は「かつ」という意味で、複数の条件が同時に成り立つ場合、「OR」は「または」という意味で、複数の条件のうちどれかが成り立つ場合を指します。

◎ ANDによる検索

例えば、id カラムの値が 2000 より大きく、かつ 3001 以下のレコードを選択する場合には次のようにします。

SQLSample7
```
01  SELECT * FROM school.student WHERE id > 2000 AND id <= 3001;
```

● 実行結果

←T→				▼	id	name	grade
☐	🖉 編集	⅔ᵢ コピー	⊝ 削除		2001	太田隆	2
☐	🖉 編集	⅔ᵢ コピー	⊝ 削除		2002	佐藤元	2
☐	🖉 編集	⅔ᵢ コピー	⊝ 削除		3001	林敦子	3

◎ ORによる検索

また、次の SQL クエリでは grade カラムの値が 1 または 3 のレコードを取得できます。

SQLSample8
```
01  SELECT * FROM school.student WHERE grade = 1 OR grade= 3;
```

● 実行結果

←T→				▼	id	name	grade
☐	🖉 編集	⅔ᵢ コピー	⊝ 削除		1001	山田太郎	1
☐	🖉 編集	⅔ᵢ コピー	⊝ 削除		1002	児玉雄太	1
☐	🖉 編集	⅔ᵢ コピー	⊝ 削除		3001	林敦子	3
☐	🖉 編集	⅔ᵢ コピー	⊝ 削除		3002	市川次郎	3

1-4 更新と削除

- テーブルのデータを更新する方法について学習する
- テーブルのデータを削除する方法について学習する

● レコードを更新する

次にテーブルの内容を変更するような処理について学習します。最初はUPDATE文ですでにあるテーブルのデータを更新する方法について説明します。

UPDATE文の書式は次のとおりです。

● UPDATE文の書式

```
UPDATE データベース名.テーブル名 SET カラム名1 = 値1, カラム名2 = 値2, ...
WHERE条件;
```

このように、指定したテーブル内のカラム名を指定した値に変更することができます。その際、変更するレコードに関する条件を、後ろにWHERE句を入れることで追加できます。なお、**WHERE句の使い方はSELECT文の場合と一緒です。**

次のSQLクエリは、idカラムの値が1001のレコードのnameカラムの値を「山口太郎」に変更するというものです。

SQLSample9

```
01  UPDATE school.student SET name="山口太郎" WHERE id = 1001;
```

実際にこのレコードを実行しSELECT文でschool.studentテーブルを確認すると次のようになります。

- 実行結果（「山田太郎」が「山口太郎」になっている）

←T→				id	name	grade
☐	✐ 編集	꒑ᵢ コピー	⊖ 削除	1001	山口太郎	1
☐	✐ 編集	꒑ᵢ コピー	⊖ 削除	1002	児玉雄太	1
☐	✐ 編集	꒑ᵢ コピー	⊖ 削除	2001	太田隆	2
☐	✐ 編集	꒑ᵢ コピー	⊖ 削除	2002	佐藤元	2
☐	✐ 編集	꒑ᵢ コピー	⊖ 削除	3001	林敦子	3
☐	✐ 編集	꒑ᵢ コピー	⊖ 削除	3002	市川次郎	3

◉ 複数のレコードの内容を変更する

WHERE 句による条件の内容によっては、複数のレコードを変更できます。

次の SQL クエリを実行したあと、SELECT 文でテーブルを確認すると grade カラムの値が 3 であるレコードの name カラムの値がすべて「名無し」になります。

SQLSample10

```
01  UPDATE school.student SET name = "名無し" WHERE grade = 3;
```

- 実行結果（gradeが3のnameがすべて「名無し」になっている）

←T→				id	name	grade
☐	✐ 編集	꒑ᵢ コピー	⊖ 削除	1001	山口太郎	1
☐	✐ 編集	꒑ᵢ コピー	⊖ 削除	1002	児玉雄太	1
☐	✐ 編集	꒑ᵢ コピー	⊖ 削除	2001	太田隆	2
☐	✐ 編集	꒑ᵢ コピー	⊖ 削除	2002	佐藤元	2
☐	✐ 編集	꒑ᵢ コピー	⊖ 削除	3001	名無し	3
☐	✐ 編集	꒑ᵢ コピー	⊖ 削除	3002	名無し	3

● レコードの削除

次はレコードの削除の方法について説明します。レコードデータを削除するには DELETE 文を使います。

DELETE 文の書式は次のとおりです。

- DELETE文の書式

```
DELETE FROM データベース名.テーブル名 WHERE 条件;
```

これにより、指定のテーブルに含まれるデータを削除することができます。

どのデータを削除するのかは WHERE 句を使って指定します。なお、「WHERE 条件」は SELECT 文および UPDATE 文の場合と同じ条件を使用できます。

WHERE 句を省略すると、テーブル内のすべてのデータが削除されます。

◉ 条件を指定してレコードを削除する

では、早速レコードの削除をしてみましょう。以下のサンプルを実行してみてください。

SQLSample11
```
01 DELETE FROM school.student WHERE id = 1001;
```

このサンプルは、student テーブルの「id = 1001」となっているレコードをすべて消去します。

なお、この処理を phpMyAdmin で実行しようとすると次のように処理の確認ダイアログが現れます。

● 削除の確認

> **localhost の内容**
>
> 「DELETE FROM school.student WHERE id = 1001;」を本当に実行しますか?
>
> OK　　　キャンセル

[OK] をクリックすると処理が確定します。

実行したあとに SELECT 文で確認すると、id カラムの値が 1001 のレコードが削除されていることがわかります。

● 実行結果（idが1001のレコードが削除されている）

	id	name	grade
☐ ✐ 編集 ꜱ⋮ コピー ⊖ 削除	1002	児玉雄太	1
☐ ✐ 編集 ꜱ⋮ コピー ⊖ 削除	2001	太田隆	2
☐ ✐ 編集 ꜱ⋮ コピー ⊖ 削除	2002	佐藤元	2
☐ ✐ 編集 ꜱ⋮ コピー ⊖ 削除	3001	名無し	3
☐ ✐ 編集 ꜱ⋮ コピー ⊖ 削除	3002	名無し	3

このように、WHERE句を使うと条件に合致するレコードを削除してくれます。合致するレコードが複数の場合は、複数行が削除されます。

◉ 全レコードの削除

WHERE句を使わずにDELETE文を実行すると全レコードが削除されます。

SQLSample12

```
01  DELETE FROM school.student;
```

削除の確認ダイアログで［OK］をクリックするとテーブル内のすべてのレコードが削除されます。

● **実行結果（すべてのレコードが削除されている）**

```
クエリボックスを表示
```

✔ 返り値が空でした (行数 0)。(クエリの実行時間: 0.0002 秒。)

SELECT * FROM school.student

☐ プロファイリング [インラインを編集する] [編集] [EXPLAIN で確認] [PHP コードの作成] [再描画]

id	name	grade

これはテーブルは存在していてもデータがない状態です。再びINSERT INTO文でデータを挿入できます。また、**このテーブルのデータはSQLSample1を実行するともとに戻ります**。データをもとに戻して何度も繰り返し復習するのに利用してください。

2 PHPからデータベースを操作する

- ▶ PHP でデータベースに接続する
- ▶ PHP で SQL クエリを記述する

2-1 PHP でデータベースを操作する

- PHP でデータベースを操作する方法を学ぶ
- エラーが発生した場合の例外処理についても学ぶ

● PHP でデータベースを操作する

次はいよいよ PHP を使ってデータベースを操作する方法について学びます。

まずは、PHP のスクリプトから SELECT 文でテーブルの全レコードを取得する方法について説明します。**事前に phpMyAdmin を利用して SQLSample1 を実行して school データベースの student テーブルを作成しておいてください（286 ページ）。**

次のサンプルは、school データベースの student テーブルを表示します。

sample7-1.php

```php
01  <?php
02      try {
03          // (1)接続
04          $db = new PDO('mysql:host=localhost;dbname=school', 'root',
    'root');
05          // (2) SQLクエリ作成
06          $stmt = $db->prepare("SELECT * FROM student;");
07          // (3) SQLクエリ実行
08          $res = $stmt->execute();
09          if ($res) {
10              // (4) 該当するデータを取得
```

```
11              $all = $stmt->fetchAll();
12              foreach($all as $loop) {
13                  // (5) 結果を表示
14                  echo "id = " . $loop["id"];
15                  echo " name = " . $loop["name"];
16                  echo " grade = " . $loop["grade"] .
    "<br>";
17              }
18          }
19          // 切断
20          $db = null;
21      } catch(PDOException $e) {
22          echo "データベース接続失敗<br>";
23          echo $e->getMessage();
24      }
25  ?>
```

● 実行結果
```
id = 1001 name = 山田太郎 grade = 1
id = 1002 name = 児玉雄太 grade = 1
id = 2001 name = 太田隆 grade = 2
id = 2002 name = 佐藤元 grade = 2
id = 3001 name = 林敦子 grade = 3
id = 3002 name = 市川次郎 grade = 3
```

◎ 例外処理

　最初に**例外処理（れいがいしょり）**に関する説明をします。例外処理は、**スクリプトの実行を妨げる異常な事象（例外）が発生した際に、その内容に応じて実行される処理のことです。**書式は次のとおりです。

● 例外処理の記述
```
try {
    例外が発生しそうな処理
} catch(例外クラス 変数名) {
    例外処理
}
```

用語

例外
スクリプトの処理を妨げる異常な事象のこと

　データベースに接続する処理を行う場合、スクリプト実行中にデータベースサーバが止まってしまうなど、スクリプト側では対処できない異常事態が発生する可能性があります。

　try ～ catch 内の処理を実行した際に例外が発生した場合、catch の { } 内の例外処理が実行されます。**これによって例外が発生してスクリプトが異常終了することを回避できます。**

　catch の ( ) には、例外の種類に該当する**例外クラス**を記述する必要があります。この場合、PDOException というデータベースの処理を行っている際に発生する例外クラスが記述されているため、データベースでの例外が発生した場合、この部分の処理が実行されます。

　例えば、データベースにアクセスする際にパスワードを間違えるなどの例外が発生した場合、例外処理が実行され「データベース失敗」と表示され、続けてエラー情報が表示されます。エラー情報は例外クラスの getMessage メソッドで取得できます。

● **例外が発生した場合の実行結果の例**

```
データベース接続失敗
SQLSTATE[HY000] [1045] Access denied for user 'root'@'localhost' (using password: YES)
```

◎ **データベースへの接続**

　PHP でデータベースに接続する際、PDO クラスのインスタンス生成をします。

● **PDOクラスのインスタンスの生成**

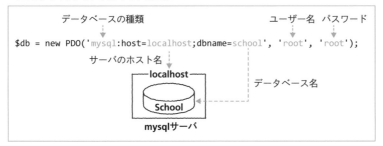

　PDO クラスは「PHP Data Objects」の略で、データベースに接続するための機能を持っており、**インスタンス生成時にコンストラクタの引数にアクセスするデータベースの情報を与えます。**

　第 1 引数は、データベースの種類（mysql）、ホスト名（localhost）、データベースを指定した文字列です。第 2 引数には MySQL のアクセスに必要なユーザー名、第 3 引数にはパスワードを指定します。接続するとデータベースアクセスオブジェクトが得られるので、$db に代入します。

　なお、「root」は、MySQL にあらかじめ用意されているユーザーです。

◉ SQLクエリの実行

　データベースにアクセスしたら SQL クエリを実行します。まずはデータベースオブジェクトの prepare メソッドを利用して student テーブルの全レコードを取得する SQL クエリを準備します。データベースは指定しているので、「school.student」ではなく「student」とします。

- **SQLクエリの準備（6行目）**

```
$stmt = $db->prepare("SELECT * FROM student;");
```

　準備した SQL クエリは execute メソッドで実行します。

- **SQLクエリを実行（8行目）**

```
$res = $stmt->execute();
```

　得られた結果は true もしくは false として $res に代入されます。 SQL クエリの実行に成功すると、$res に結果として true が代入され、if 文の中の処理（11 〜 17 行目）に移ります。

◉ 結果の取得と表示

　最後に得られた結果を画面に表示します。$stmt オブジェクトの fetchAll メソッドを実行すると、検索結果が得られます。

- **検索結果の取得（11行目）**

```
$all = $stmt->fetchAll();
```

$all に取得したレコードが、多次元配列の状態で代入されます。これを foreach ループで、1 レコードずつ取得し、カラム名をキーにすることで、値を取得できます。

● 取得したレコード

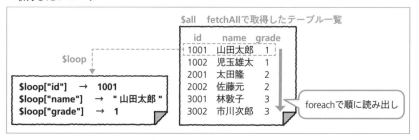

● データベースの接続の切断

一連の処理が終了したあとに、データベースへの接続を切断します。データベースオブジェクトが代入された変数に null を代入すると、データベースへの接続が切れます。

● データベースの接続を切断 （20行目）

```
$db = null;
```

データを挿入する

次はテーブルに新しいデータを挿入する操作を PHP で行ってみましょう。

すでに学習したとおり、データの挿入には INSERT INTO を使います。

sample7-2.php

```
01  <?php
02      try {
03          // （1）接続
04          $db = new PDO('mysql:host=localhost;dbname=school', 'root',
    'root');
05          // （2）挿入するデータを作成
06          $id = 3003;
07          $name = "山崎聡";
08          $grade = 3;
09          // （3）SQLクエリ作成
10          $stmt = $db->prepare("INSERT INTO student VALUES(?, ?, ?);");
```

7日目
データベースを使ったアプリの作成

```
11        $stmt->bindParam(1, $id, PDO::PARAM_INT);
12        $stmt->bindParam(2, $name, PDO::PARAM_STR);
13        $stmt->bindParam(3, $grade, PDO::PARAM_INT);
14        // (4) SQLクエリ実行
15        $res = $stmt->execute();
16        // (5) 切断
17        $db = null;
18    } catch(PDOException $e) {
19        echo "データベース接続失敗<br>";
20        echo $e->getMessage();
21    }
22 ?>
```

　Web ブラウザで「localhost/chapter7/sample7-2.php」を確認してみましょう。処理が成功した場合は何も表示されません。「localhost/chapter7/sample7-1.php」を再度表示して、テーブルを確認してみてください。最後の行に、新しいデータが追加されていることが確認できます。

● 実行結果の確認

```
id = 1001 name = 山田太郎 grade = 1
id = 1002 name = 児玉雄太 grade = 1
id = 2001 name = 太田隆 grade = 2
id = 2002 name = 佐藤元 grade = 2
id = 3001 name = 林敦子 grade = 3
id = 3002 name = 市川次郎 grade = 3
id = 3003 name = 山崎聡 grade = 3     ◀━━ 新しく追加したデータ
```

◉ bindParamメソッドで値を設定

　SQL クエリの準備方法は、基本的に SELECT 文の場合と同じです。ただ、VALUES の ( ) の中には挿入する値が入るはずですが、「?」が入っています。

● クエリの準備

```
$stmt = $db->prepare("INSERT INTO student VALUES(?, ?, ?);");
```

　これは「?」の部分に、あとから値が設定されることを意味します。その設定を行うのが次の処理です。

- 「?」の部分の値の設定

```
$stmt->bindParam(1, $id, PDO::PARAM_INT);
$stmt->bindParam(2, $name, PDO::PARAM_STR);
$stmt->bindParam(3, $grade, PDO::PARAM_INT);
```

- bindParamの処理のイメージ

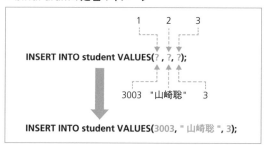

最初の引数が「?」の位置を表す番号です。「?」には先頭から1、2、3... と番号が付いており、その番号を意味します。

2番目の引数は指定した位置に入れる値、3番目の引数は値の型です。PDO:: PARAM_INT は INT 型の整数を表し、PDO::PARAM_STR は CHAR 型もしくは VARCHAR 型などの文字列を表します。PARAM_INT や PARAM_STR は、PHP にあらかじめ定義された**定数**と呼ばれるものです。PHP の公式マニュアルに、これら以外の定数も記載されているので、確認してみてください。

bindParam メソッドを利用したパラメータの設定は、INSERT INTO に限らず SELECT、DELETE、UPDATE などのクエリにも利用できます。

以上の処理で、次の SQL クエリを作れます。

- prepareメソッドとbindParamメソッドで作成したSQLクエリ

```
INSERT INTO student VALUES(3003, "山崎聡", 3);
```

最後に execute メソッドを呼び出すと、SQL クエリが実行されます。

例題 7-1 ★ ☆ ☆

PHP のスクリプトで、grade カラムの値が 3 のレコードをすべて削除しなさい。
なお、ファイル名は example7-1.php とすること。

 解答例と解説

prepare に必要なクエリを DELETE FROM に変更し、bindParam で削除する値を指定すれば完成です。

example7-1.php

```php
01  <?php
02      try{
03          $db = new PDO('mysql:host=localhost;dbname=school', 'root',
    'root');
04          $grade = 3;
05          $stmt = $db->prepare("DELETE FROM student WHERE grade = ?;");
06          $stmt->bindParam(1, $grade, PDO::PARAM_INT);
07          $res = $stmt->execute();
08          $db = null;
09      } catch(PDOException $e) {
10          echo "データベース接続失敗<br>";
11          echo $e->getMessage();
12      }
13  ?>
```

実行するには URL として「localhost/chapter7/example7-1.php」を入力してください。実行したら example7-1.php を実行してテーブルを確認してみてください。grade カラムの値が 3 のレコードがすべて削除されていることが確認できます。

● 実行結果の確認

```
id = 1001 name = 山田太郎 grade = 1
id = 1002 name = 児玉雄太 grade = 1
id = 2001 name = 太田隆 grade = 2
id = 2002 name = 佐藤元 grade = 2
```

3 アプリの作成

- ▶ PHP でデータベースを操作するアプリを作成する
- ▶ アプリで CRUD 機能を実現する

3-1 データベースを使ったアプリの作成

- ・ CRUD 機能がある簡単なアプリを作る
- ・ アプリの動作で PHP のプログラミングの理解を深める

● CRUD のサンプル

今まで学習してきた内容の集大成として、PHP のスクリプトで CRUD の基本的な機能を実現する学生情報管理アプリを作成してみましょう。学生情報管理アプリでは、7 日目の前半で作成した学生データベースに対し、データの挿入・取得・更新・削除を Web ブラウザ上で行います。

ファイルが複数に分かれており、少し長いスクリプトなので難しく感じてしまうかもしれませんが、基本的にはここまでに解説した仕組みや関数、メソッドの組み合わせです。それぞれのクラスやメソッドの処理自体は、複雑なものではないので安心してください。

ページ構成は大きく 3 つに分かれます。学生情報管理アプリのトップページ (localhost/student/index.php) では、学生情報の一覧を表示します。学生一覧の名前はリンクになっており、名前をクリックすると、削除もしくは更新するかを選択できます。また、[新しい学生情報の追加] をクリックすると、新しい学生の情報を追加できます。

● トップページ

　[情報の更新]を選択すると、データベースに登録されている情報を更新できます。[情報の削除]を選択すると確認ののち、データを削除します。

● 学生情報の削除もしくは更新選択ページ

　学生情報の追加画面では、学生データを入力して［登録］をクリックすると、学生情報を追加できます。

- 学生情報の追加ページ

ファイルの構成

学生情報管理アプリで表示する学生情報は、school データベースの student テーブルから取得します。あらかじめ、286 ページで紹介した SQL クエリ（SQLSample1）を実行して、データベースとテーブルの作成、データの追加を行っておきましょう。

学生情報管理アプリの処理は、複数の php ファイルに分割します。「htdocs」フォルダの直下に「student」フォルダを作って、「student」フォルダに php ファイルを置いてください。また、「student」フォルダには、共通処理を行う php ファイルをまとめるために、「common」フォルダも作成してください。

- 学生情報管理アプリのファイル構成

ファイル名	内容	ファイルを置くフォルダ
data_check.php	入力された値の確認をする関数を定義	student/common
dbmanager.php	データベースを管理するクラス	student/common
html_functions.php	HTML出力に関する関数を定義	student/common
common.php	処理に必要な共通ファイル	student
index.php	トップ画面	student
student_input.php	新規学生情報挿入画面	student
student_edit.php	学生情報の削除・更新の確認画面	student
student_update.php	学生情報の更新の確認画面	student
student_delete.php	学生情報削除画面	student
post_data.php	データの挿入・更新・削除を行う	student

　トップページである index.php から、データ（学生情報）の挿入・更新・削除を行う画面にリンクで移動します。データの挿入・更新・削除などの処理は post_data.php で行い、処理を実行したあとはトップページにリダイレクトさせます。リダイレクトとは、指定した Web ページから自動的に別の Web ページに遷移させることです。

● 処理の遷移

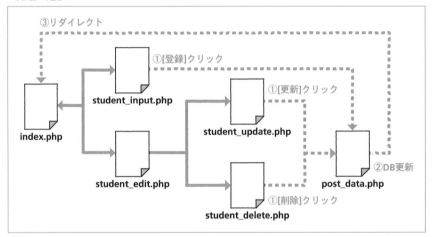

用語

リダイレクト（redirect）

指定した Web ページから自動的に別の Web ページに転送されること

◉ データの送信

　フォームのデータ送信には、POST を使っています。また選択された学生番号（id）
の情報やエラーが発生したときのメッセージなどの送信は、GET を使っています。
GET はフォーム以外の情報も、URL に「? パラメータ名 = 値」形式で付与できます。

• GETで学生番号をURLに付与して送る（index.phpからstudent_edit.phpの例）

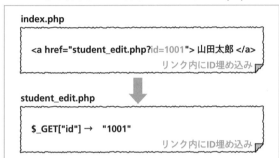

　複数のデータを送りたい場合には「? パラメータ名 1=値 1&パラメータ名 2=値&...」
といったように & で区切ります。

◉ inputタグでデータベースの処理を指定

　post_data.php で、データの挿入・更新・削除の処理を行います。どの処理を行
うかは、$_POST["data"] の値で振り分けます。$_POST["data"] には、input タグの
type 属性に hidden を指定した value 属性の値を入れています。type 属性が hidden
のタグは、フォーム上に表示されない項目で、「隠しタグ」と呼ばれます。**隠しタグ
を使うことで、ブラウザ上に表示されないデータを送信することができます。**

　また、input タグの value 属性には初期値を設定できます。例えば、次のような
input タグがあった場合、**POST でデータを送った場合、$_POST["data"] から
「delete」を得られます**。

• type属性がhiddenのタグでデータを送付する例

```
<input type="hidden" name="data" value="delete"/>
```

　なお、挿入する場合は「create」、削除する場合は「delete」、更新する場合は「update」
が、$_POST["data"] に代入されます。

◉ selectタグ

学年は、1、2、3のいずれかに制限したいので、select タグで作成したプルダウンの選択肢リストを使用します。

select タグは、選択肢を設定する option タグとセットで次のように記述します。なお、option タグの selected 属性を使用すると、選択肢の中からいずれかの項目を選択させておくことが可能です。

* selectタグの働き

```
select タグ
<select name="grade">
    <option value="1">1</option>
    <option value="2">2</option>
    <option value="3">3</option>
</select>

select タグであらかじめ値を選択する場合
<select name="grade">
    <option value="1">1</option>
    <option value="2">2</option>
    <option value="3">3</option selected>
</select>
```

学生情報管理アプリのスクリプト

それでは、学生情報管理アプリのスクリプトを入力していきましょう。行数が長いファイルは、処理ごとに区切って掲載します。詳細な説明はしませんが、コメントを参考に処理の内容を確認してください。

◉ common/data_check.php

挿入・追加する値のチェックを行う check_input 関数を定義しています。値に不備がある場合は、false を返します。

common/data_check.php
```
01  <?php
02      function check_input($id, $name, $grade, &$error) {
03          $error = "";
04          // 空欄がないかどうかのチェック
05          if ($id === "" or $name === "") {
06              $error = "入力されていない値があります";
```

```
07          return false;
08      }
09      //  idが正しく入力されているかをチェック
10      if (preg_match("/^[1-3][0-9]{3}$/", $id) != true) {
11          $error = "idには1〜3ではじまる4桁の整数を入力してください";
12          return false;
13      }
14      return true;
15  }
16 ?>
```

◉ common/dbmanager.php

dbmanager.php には、DBManager クラスを定義しており、データベースに関する処理を行います。コンストラクタ以外のメソッドは次のとおりです。

● DBManagerクラスのメソッド

メソッド名	アクセス修飾子	引数	戻り値	処理内容
connect	private	なし	なし	データベースに接続
disconnect	private	なし	なし	データベースとの接続解除
get_allstudents	なし	なし	全学生情報の配列	全学生情報を取得する
get_student	なし	$id	学生情報の配列	$idで指定した学生の情報を取得する
if_id_exists	なし	$id	true／false	$idで指定した学生情報が存在するかを調べる
insert_student	なし	$id、$name、$grade	true／false	新規の学生の情報の挿入（成功ならtrueを返す）
delete_student	なし	$id	true／false	$idで指定した学生情報を消去（成功ならtrueを返す）
update_student	なし	$id、$name、$grade、$old_id	true／false	$old_idで指定した学生の情報の更新（成功ならtrueを返す）

まずは、プロパティの定義とコンストラクタの定義です。

common/dbmanager.php（1〜16行目）

```php
01  <?php
02      class DBManager {
03          //  データベースアクセス情報
04          private $access_info;
05          //  データベースのユーザー名
06          private $user;
07          //  データベースのパスワード
08          private $password;
09          //  データベース
10          private $db = null;
11          //  コンストラクタ
12          function __construct() {
13              $this->access_info = "mysql:host=localhost;dbname=school";
14              $this->user = "root";
15              $this->password = "root";
16          }
```

　次に、private なメソッドの定義です。connect メソッドと disconnect メソッドは、クラス内からの呼び出しのみ許可します。

common/dbmanager.php（17〜24行目）

```php
17          //  データベースへの接続
18          private function connect() {
19              $this->db = new PDO($this->access_info, $this->user, $this->password);
20          }
21          //  データベースへの接続解除
22          private function disconnect() {
23              $this->db = null;
24          }
```

　以降からは、クラス外からの呼び出しを想定したメソッドです。get_allstudents メソッドは、データベースに保存されたすべての学生情報を取得します。

common/dbmanager.php（25〜42行目）

```php
25          //  学生一覧の取得
26          function get_allstudents() {
27              try {
28                  $this->connect();
29                  $stmt = $this->db->prepare("SELECT * FROM student ORDER BY id;");
```

314

```
30              $res = $stmt->execute();
31              if ($res) {
32                  $member = $stmt->fetchAll();
33                  $this->disconnect();
34                  return $member;
35              }
36          } catch(PDOException $e) {
37              $this->disconnect();
38              return null;
39          }
40          $this->disconnect();
41          return null;
42      }
```

続いて、指定された $id（学生番号）の学生情報を取得する get_student メソッド
です。

common/dbmanager.php（43～64行目）

```
43      //  特定の学生情報の取得
44      function get_student($id) {
45          try {
46              $this->connect();
47              $stmt = $this->db->prepare("SELECT * FROM student WHERE
    id = ? ;");
48              $stmt->bindParam(1, $id, PDO::PARAM_INT);
49              $res = $stmt->execute();
50              if ($res) {
51                  $member = $stmt->fetchAll();
52                  $this->disconnect();
53                  if (count($member) == 0) {
54                      return null;
55                  }
56                  return $member[0];
57              }
58          } catch(PDOException $e) {
59              $this->disconnect();
60              return null;
61          }
62          $this->disconnect();
63          return null;
64      }
```

if_id_exists メソッドでは、$id で指定した学生情報がテーブルにあるかを調べて、存在する場合は true、存在しない場合は false を返します。

common/dbmanager.php（65〜71行目）

```
65        // $idで指定した学生情報が存在するかを調べる
66        function if_id_exists($id) {
67            if ($this->get_student($id) != null) {
68                return true;
69            }
70            return false;
71        }
```

insert_student メソッドでは、学生情報の挿入を行います。

common/dbmanager.php（72〜89行目）

```
72        // 学生情報の挿入
73        function insert_student($id, $name, $grade) {
74            try {
75                $this->connect();
76                $stmt = $this->db->prepare("INSERT INTO student VALUES (?, ?, ?);");
77                $stmt->bindParam(1, $id, PDO::PARAM_INT);
78                $stmt->bindParam(2, $name, PDO::PARAM_STR);
79                $stmt->bindParam(3, $grade, PDO::PARAM_INT);
80                $res = $stmt->execute();
81                $this->disconnect();
82                return true;
83            } catch(PDOException $e) {
84                $this->disconnect();
85                return false;
86            }
87            $this->disconnect();
88            return false;
89        }
```

delete_student メソッドは、$id で指定された学生情報を削除します。

common/dbmanager.php（90〜105行目）

```
90        // 学生情報の削除
91        function delete_student($id) {
92            try {
93                $this->connect();
```

```
94      $stmt = $this->db->prepare("DELETE FROM student WHERE
        id = ?;");
95              $stmt->bindParam(1, $id, PDO::PARAM_INT);
96              $res = $stmt->execute();
97              $this->disconnect();
98              return true;
99          } catch(PDOException $e) {
100             $this->disconnect();
101             return false;
102         }
103         $this->disconnect();
104         return false;
105     }
```

最後に、学生情報の更新を行う update_student メソッドです。

common/dbmanager.php（106〜125行目）

```
106     // 学生情報の更新
107     function update_student($id, $name, $grade, $old_id) {
108         try {
109             $this->connect();
110             $stmt = $this->db->prepare("UPDATE student SET id = ?,
        name = ?, grade = ? WHERE id = ?;");
111             $stmt->bindParam(1, $id, PDO::PARAM_INT);
112             $stmt->bindParam(2, $name, PDO::PARAM_STR);
113             $stmt->bindParam(3, $grade, PDO::PARAM_INT);
114             $stmt->bindParam(4, $old_id, PDO::PARAM_INT);
115             $res = $stmt->execute();
116             return true;
117         } catch(PDOException $e) {
118             $this->disconnect();
119             return false;
120         }
121         $this->disconnect();
122         return false;
123     }
124 }
125 ?>
```

◎ common/html_functions.php

html_functions.php には、HTMLの出力処理に関する共通処理の関数を提供します。

• html_functions.phpの関数

関数名	処理内容
show_top	各ページのHTMLの共通部分（上部）を出力
show_bottom	各ページのHTMLの共通部分（下部）を出力
show_input	学生データ入力画面を出力
show_delete	学生データ削除画面を出力
show_update	学生データ更新画面を出力
show_edit_input_common	show_inputとshow_updateの共通処理部分
show_student_list	学生一覧の出力
show_student	選択された学生の情報の出力
show_operations	更新・削除の選択

このうち show_student_list 関数の tr タグの属性 align="center" は、レコード内の
セルを中央揃えにする設定で、テーブルの見栄えをよくするために使用しています。

まずは、show_top 関数と show_bottom 関数の定義です。

common/html_functions.php（1〜25行目）

```php
01  <?php
02      //  HTML上部を表示する
03      function show_top($heading="学生一覧") {
04          echo <<<STUDENT_LIST
05      <html>
06          <head>
07              <title>学生リスト</title>
08          </head>
09      <body>
10          <h1>{$heading}</h1>
11      STUDENT_LIST;
12      }
13      //  HTML下部を表示する
14      function show_bottom($return_top=false) {
15          //  $return_topがtrueなら、トップに戻るリンクを付ける
16          if ($return_top == true) {
17              echo <<<BACK_TOP
18              <a href="index.php">学生一覧に戻る</a>
19          BACK_TOP;
20          }
21          echo <<<BOTTOM
```

```
22          </body>
23        </html>
24        BOTTOM;
25    }
```

続いて、show_input 関数と show_delete 関数の定義です。

common/html_functions.php（26〜47行目）
```
26    //  入力フォームの表示
27    function show_input() {
28        $error = get_error();
29        show_edit_input_common("", "" ,-1, "", "create", "登録");
30    }
31    //  削除フォームの表示
32    function show_delete($member) {
33        if ($member != null) {
34            show_student($member);
35        }
36        $error = "";
37        $error = get_error();
38        echo <<<DELETE
39            <form action="post_data.php" method="post">
40                <p>この情報を削除しますか？</p>
41                <p>{$error}</p>
42                <input type="hidden" name="id" value="{$member["id"]}"/>
43                <input type="hidden" name="data" value="delete"/>
44                <input type="submit" value="削除">
45            </form>
46        DELETE;
47    }
```

show_update 関数と show_edit_input_common 関数の定義です。show_edit_input_common 関数は、show_update 関数と show_input 関数から呼び出されます。

common/html_functions.php（48〜85行目）
```
48    //  更新フォームの表示
49    function show_update($id, $name, $grade, $old_id) {
50        show_edit_input_common($id, $name, $grade, $old_id, "update", "更新");
51    }
52    //  挿入フォーム・更新フォームの表示
53    function show_edit_input_common($id, $name, $grade, $old_id, $data, $button) {
```

```
54        $error = "";
55        $error = get_error();
56        //  フォームの上部を表示
57        echo <<<INPUT_TOP
58        <form action="post_data.php" method="post">
59            <p>学生番号</p>
60            <input type="text" name="id" placeholder="例）1001" value=
   "{$id}">
61            <p>名前</p>
62            <input type="text" name="name" placeholder="例）山田太郎"
   value="{$name}">
63            <p>学年</p>
64            <select name="grade">
65        INPUT_TOP;
66        //  optionタグの表示（選択されたものにはselectedをつける）
67        for ($i = 1; $i <= 3; $i++) {
68            echo "<option value=\"{$i}\"";
69            if ($i == $grade) {
70                echo " selected ";
71            }
72            echo ">";
73            echo $i;
74            echo "</option>";
75        }
76        //  フォームの下部を表示
77        echo <<<INPUT_BOTTOM
78            </select>
79            <p>{$error}</p>
80            <input type="hidden" name="old_id" value="{$old_id}">
81            <input type="hidden" name="data" value="{$data}">
82            <input type="submit" value="{$button}">
83        </form>
84        INPUT_BOTTOM;
85    }
```

次の show_student_list 関数では、学生一覧を表示します。98 行目の tr タグの
align 属性は要素の文字列を中央寄せにします。

common/html_functions.php（86〜111行目）

```
86        //  学生一覧を表示する
87        function show_student_list($member) {
88            //  テーブルのトップを表示
89            echo <<<TABLE_TOP
90            <table border="1" style="border-collapse:collapse">
```

```
 91                 <tr>
 92                     <th>学生番号</th><th width="100px">名前</th><th>学年</th>
 93                 </tr>
 94         TABLE_TOP;
 95         foreach($member as $loop) {
 96             //  ヒアドキュメントでデータを表示
 97             echo <<<END
 98                 <tr align="center">
 99                     <td>{$loop["id"]}</td>
100                     <td><a href="student_edit.php?id={$loop["id"]}
    ">{$loop["name"]}</a></td>
101                     <td>{$loop["grade"]}</td>
102                 </tr>
103
104         END;
105         }
106         //  テーブルの下部分の表示
107         echo <<<TABLE_BOTTOM
108         </table>
109         <br>
110         TABLE_BOTTOM;
111     }
```

最後に、show_student 関数と show_operations 関数の定義です。

common/html_functions.php（112〜139行目）

```
112     //  特定の学生情報を表示する
113     function show_student($member) {
114         //  テーブルのトップを表示
115         echo <<<STUDENT
116         <table border="1" style="border-collapse:collapse">
117             <tr>
118                 <th>学生番号</th><th width="100px">名前</th><th>学年</th>
    th>
119             </tr>
120             <tr align="center">
121                 <td>{$member["id"]}</td>
122                 <td>{$member["name"]}</td>
123                 <td>{$member["grade"]}</td>
124             </tr>
125         </table>
126         <br>
127         STUDENT;
128     }
```

```
129      //  編集画面の操作の一覧の表示
130      function show_operations($id) {
131          echo <<<OPERATIONS
132          <a href="student_update.php?id={$id}">情報の更新</a>
133          <br>
134          <a href="student_delete.php?id={$id}">情報の削除</a>
135          <br>
136          <br>
137          OPERATIONS;
138      }
139  ?>
```

common.php

　各ページや処理で共通で読みだされるファイルです。common フォルダ内にある php ファイルの読み出しと、GET メソッドからエラーを取得する get_error 関数を定義しています。

common.php

```
01  <?php
02      require_once("common/html_functions.php");
03      require_once("common/dbmanager.php");
04      require_once("common/data_check.php");
05      //  エラーの取得関数
06      function get_error() {
07          $error = "";
08          if (isset($_GET["error"])) {
09              $error = $_GET["error"];
10          }
11          return $error;
12      }
13      $dbm = new DBManager();
14  ?>
```

◉ post_data.php

データの挿入、更新、削除を行います。処理に成功すると index.php に、失敗するともとのページにリダイレクトします。**リダイレクトは、header 関数に遷移先の URL を引数にして呼び出します。**

なお、header 関数を呼び出したあとは、exit 関数を呼び出す必要があります。

post_data.php

```php
01  <?php
02      require_once("common.php");
03      if (isset($_POST["data"])) {
04          //  POSTで送られたデータ取得
05          if (isset($_POST["id"])) {
06              $id = $_POST["id"];
07          }
08          if (isset($_POST["name"])) {
09              $name = $_POST["name"];
10          }
11          if (isset($_POST["grade"])) {
12              $grade = $_POST["grade"];
13          }
14          if (isset($_POST["old_id"])) {
15              $old_id = $_POST["old_id"];
16          }
17          //  データ挿入処理
18          if ($_POST["data"] == "create") {
19              if (check_input($id, $name, $grade, $error) == false) {
20                  header("Location: student_input.php?error={$error}");
21                  exit();
22              }
23              if ($dbm->if_id_exists($id) == true) {
24                  $error = "すでに使用されているIDです";
25                  header("Location: student_input.php?error={$error}");
26                  exit();
27              }
28              if ($dbm->insert_student($id, $name, $grade) == false) {
29                  $error = "DBエラー";
30                  header("Location: student_input.php?error={$error}");
31                  exit();
32              }
33              header("Location: index.php");
34              exit();
35          //  データ更新処理
36          } else if ($_POST["data"] == "update") {
```

```
37        if (check_input($id, $name, $grade, $error) == false) {
38            $error = "DBエラー";
39            header("Location: student_update.php?error={$error}&id
    ={$old_id}");
40            exit();
41        }
42        if ($dbm->if_id_exists($id) == true and $id != $old_id) {
43            $error = "すでに使用されているIDです";
44            header("Location: student_update.php?error={$error}&id
    ={$old_id}");
45            exit();
46        }
47        $dbm->update_student($id, $name, $grade, $old_id);
48        header("Location: index.php");
49        exit();
50    // データ削除処理
51    } else if ($_POST["data"] == "delete") {
52        $id = $_POST["id"];
53        echo $id."<br>";
54        if ($dbm->delete_student($id) == false) {
55            $error = "DBエラー";
56            header("Location: student_delete.php?error={$error}&id
    ={$id}");
57            exit();
58        }
59        header("Location: index.php");
60        exit();
61    } else{
62        header("Location: index.php");
63        exit();
64    }
65    }
66 ?>
```

⦿ index.php

トップページです。show_student_list 関数で学生の一覧を表示し、処理の受付も行います。

index.php

```
01 <?php
02     require_once("common.php");
```

```
03      show_top();
04      //  学生一覧の表示
05      $member = $dbm->get_allstudents();
06      if ($member != null) {
07          show_student_list($member);
08      }
09      echo "<a href=\"student_input.php\">新しい学生情報の追加</a>";
10      show_bottom();
11  ?>
```

◉ student_delete.php

GET で取得した id を使って情報の削除を実行します。

student_delete.php

```
01  <?php
02      require_once("common.php");
03      $id = $_GET["id"];
04      $member = $dbm->get_student($id);
05      show_top("情報削除");
06      show_delete($member);
07      show_bottom(true);
08  ?>
```

◉ student_edit.php

GET で取得した id を使ってデータベースから取得した情報を表示し、更新するか削除するかを選択させます。

student_edit.php

```
01  <?php
02      require_once("common.php");
03      $id = $_GET["id"];
04      $member = $dbm->get_student($id);
05      show_top("選択情報");
06      show_student($member);
07      show_operations($id);
08      show_bottom(true);
09  ?>
```

student_input.php

学生情報を入力します。show_input 関数で入力フォームを表示します。

student_input.php
```
01  <?php
02      require_once("common.php");
03      show_top("学生情報の追加");
04      show_input();
05      show_bottom(true);
06  ?>
```

student_update.php

　学生情報を削除します。GET で取得した id を使ってデータベースから取得した情報を表示し、削除するかどうかを確認します。

student_update.php
```
01  <?php
02      require_once("common.php");
03      $old_id = $_GET["id"];
04      $member = $dbm->get_student($old_id);
05      $id = $member["id"];
06      $name = $member["name"];
07      $grade = $member["grade"];
08      show_top("情報更新");
09      show_edit($id, $name, $grade, $old_id);
10      show_bottom(true);
11  ?>
```

今後の学習について

学生情報管理アプリは完成したでしょうか？　もし、エラーが発生した場合は、エラー発生箇所を知らせるメッセージが表示されますので、該当箇所を確認してみましょう。また、2 ページに掲載している URL から取得したサンプルファイルと比較してみるのも 1 つの手です。

本書の説明は以上ですが、PHP を使った Web アプリ開発の勉強は本格的にはじまったばかりです。今後は、次の内容について学習することをお勧めします。

● HTML ／ CSS

見栄えのよい Web ページの作成を目指しましょう。

●より高度な PHP の文法

より詳細な文法を身に付けてプログラミングスキルを上げましょう。

● JavaScript

フロントエンドの処理について学びましょう。

●データベース

複雑なデータベースの操作を学びましょう。

● Web フレームワーク

Laravel（ララベル）などのフレームワークでより高度な Web アプリを作りましょう。

●インターネットのセキュリティ

安全な Web サイトを作るための知識を身に付けましょう。

●ソフトウェアテスト

ソフトウェアやアプリの動作チェックの手法を身に付けましょう。

このほかにも学習すべき項目をあげればきりがありませんが、このあたりの知識と技術をしっかりと身に付ければ、高度な Web アプリの開発が可能になります。

今後も楽しみながら学習を進めていきましょう！

4 練習問題

正解は 343 ページ

問題 7-1 ★ ☆ ☆

SQLSample1 を再度実行し、school データベースの student テーブルを初期状態に戻してから、phpmyAdmin で次の結果を得る SQL クエリを実行しなさい。

（1）student テーブルのデータをすべて表示する
（2）grade が 2 の学生の id と名前を表示する
（3）id が 2002 ではない学生の名前を表示する
（4）id が 2001 か 2002 の学生の名前と学年を表示する

問題 7-2 ★ ☆ ☆

SQLSample1 を再度実行し、school データベースの student テーブルを初期状態に戻してから、id カラムの値が 1001 であるレコードを対象に、name カラムの値を「山口太郎」に変更する PHP のスクリプトを実行しなさい。

なお、ファイル名は prob7-2.php とすること。

練習問題の解答

1日目 はじめの一歩

▶ 1日目の練習問題の解答です。

問題 1-1

d

● 【解説】

　HTMLは複数のタグから構成される人間に理解できるマークアップ言語です。Webサイトは HTML で記述され、Web ブラウザからのリクエストに対するレスポンスとして Web ブラウザに送られてきます。

問題 1-2

c

● 【解説】

　URL は http もしくは https からはじまり、インターネット上の Web サイトの住所を表す文字列です。Web ブラウザに URL を入力すると、それがリクエストとして宛先の Web サーバに送信され、レスポンスとしてそのページを構成する HTML をはじめとするデータが得られます。

2日目 プログラミングとは何か／PHPの基本

📄 ▶ 2日目の練習問題の解答です。

2-1 問題 2-1

prob2-1.php
```
01  <?php
02      //  echoのあとに、自分の名前を入れてください
03      echo "亀田健司";
04  ?>
```

● 【解説】

echo のあとに自分の名前を " "（ダブルクォーテーション）もしくは ''（シングルクォーテーション）で囲みます。

2-2 問題 2-2

prob2-2.php
```
01  <?php
02      echo 4 + 3 * (5 - 2);
03  ?>
```

● 【解説】

掛け算は＊（アスタリスク）で行います。算数の計算と同様に加算・減算より乗算・除算が優先ですが、( )で優先順位を変えることができます。

3日目　変数／条件分岐／HTMLのリストとリンク

> ● 3日目の練習問題の解答です。

3-1 問題 3-1

prob3-1.php

```php
01  <?php
02      // $a、$bに値を代入
03      $a = 10;
04      $b = 2;
05      // $aと$bの演算を行う
06      $ans = $a + $b;
07      echo "{$a} + {$b} = {$ans}<br>";
08      $ans = $a - $b;
09      echo "{$a} - {$b} = {$ans}<br>";
10      $ans = $a * $b;
11      echo "{$a} × {$b} = {$ans}<br>";
12      $ans = $a / $b;
13      echo "{$a} ÷ {$b} = {$ans}<br>";
14  ?>
```

● 【解説】

　掛け算と割り算の計算と結果の出力部分を追加すれば完成です。割り算は/（スラッシュ）で行います。改行のために最後に
 タグを入れています。

3-2 問題 3-2

prob3-2.php

```php
01  <?php
02      // 数値を入れる変数
03      $a = -1;
```

```
04        //  $aの値を表示
05        echo "\$a={$a}<br>";
06        //  if文による条件分岐
07        if ($a > 0) {
08            echo "\$aは正の数です<br>";
09        } else if ($a === 0) {
10            echo "\$aは0です<br>";
11        } else {
12            echo "\$aは負の数です<br>";
13        }
14  ?>
```

- 【解説】

if ～ else if ～ else を使って、処理を分岐させます。記述のパターンはほかにもいろいろあるので試してみましょう。

3-3 問題 3-3

prob3-3.php
```
01  <?php
02        //  月を代入
03        $m = 11;
04        if ($m < 1 or $m > 12) {
05            //  $mが1未満、もしくは12よりも大きい場合
06            echo "{$m}月は存在しません";
07        } else if ($m === 2) {
08            //  2月は28日もしくは29日
09            echo "{$m}月の日数:28もしくは29日";
10        } else if ($m === 4 or $m === 6 or $m === 9 or $m === 11) {
11            //  4月、6月、9月、11月の場合は30日
12            echo "{$m}月の日数:30日";
13        } else {
14            //  それ以外の月は31日
15            echo "{$m}月の日数:31日";
16        }
17  ?>
```

- 【解説】

$m が 1 未満か 12 より大きい場合の判別を行い、そのほかは else if や else で分岐させています。このほかにもいろいろなパターンがありますので、自分で試してみましょう。

4日目 繰り返し処理／配列／HTMLのテーブル

4 日目の練習問題の解答です。

4-1 問題 4-1

prob4-1.php
```php
01  <?php
02      for ($i = 0; $i < 4; $i++) {
03          echo "★";
04      }
05  ?>
```

- 【解説】

　★マークを出力する処理を for ループで囲みます。この場合、$i が 0 から 3 まで変化させていますが、回数が同じであればほかの組み合わせでも構いません。

4-2 問題 4-2

prob4-2.php
```php
01  <?php
02      for ($n = 2; $n <= 100; $n++) {
03          //  約数のカウントをする変数
04          $count = 0;
05          for ($i = 1; $i <= $n; $i++) {
06              if ($n % $i == 0) {
07                  $count++;
08              }
09          }
10          //  約数の数が2ということは素数なのでその値を表示する
11          if ($count === 2) {
```

```
12         echo "{$n} ";
13     }
14   }
15 ?>
```

● 【解説】

2 から 100 までの値を for ループで $n に代入し、$n の約数の数をカウントします。約数のカウントは、$i を 1 から $n まで変更し、その数で $n を割り、余りが 0 のものを調べ上げます。その結果が 2 の場合、1 とその数自体しか約数を持たないということなので、素数だとみなして表示します。

4-3 問題 4-3

prob4-3.html

```
01 <!DOCTYPE html>
02 <html>
03 <head>
04     <title>簡単なテーブルのサンプル</title>
05     <meta charset="UTF-8">
06 </head>
07 <body>
08     <h1>簡単なテーブルのサンプル</h1>
09     <!-- 簡単なテーブル -->
10     <table border="1" style="border-collapse:collapse">
11         <tr>
12             <th>名前</th><th>ふりがな</th><th>性別</th><th>年齢</th><th>住所</th>
13         </tr>
14         <tr>
15             <td>山田太郎</td><td>やまだたろう</td><td>男</td><td>18</td><td>東京都</td>
16         </tr>
17         <tr>
18             <td>佐藤花子</td><td>さとうはなこ</td><td>女</td><td>16</td><td>大阪府</td>
19         </tr>
20         <tr>
21             <td>鈴木次郎</td><td>すずきじろう</td><td>男</td><td>17</td><td>愛知県</td>
```

335

```
22          </tr>
23          <tr>
24              <td>太田智子</td><td>おおたともこ</td><td>女</td><td>17</
    td><td>北海道</td>
25          </tr>
26      </table>
27  </body>
28  </html>
```

● 【解説】

ふりがなの列を追加し、新たに太田智子さんの行を追加すれば完成です。

4-4 問題 4-4

prob4-4.php
```
01  <!DOCTYPE html>
02  <html>
03  <head>
04      <title>配列からリストを作る</title>
05      <meta charset="UTF-8">
06  </head>
07  <body>
08      <h1>配列からリストを作る</h1>
09      <ul>
10      <!-- 簡単なテーブル -->
11      <?php
12          $array = ["日本","アメリカ","中国"];
13          foreach ($array as $value) {
14              echo "<li>" . $value . "</li>";
15          }
16      ?>
17      </ul>
18  </body>
19  </html>
```

● 【解説】

リストを作る ul タグの中身以外はすべて HTML で書きます。ul タグの中で国名の
リストを作成し、foreach ループで li タグの間に要素を挟んで表示すれば完成です。

5 5日目　関数／フォーム

> 5日目の練習問題の解答です。

5-1 問題 5-1

prob5-1.php

```php
01  <?php
02      //　関数の定義
03      function showStrs($num, $str) {
04          for ($i = 0; $i < $num; $i++) {
05              echo $str . "<br>";
06          }
07      }
08      //　関数の呼び出し
09      showStrs(5, "HelloPHP");
10  ?>
```

• 【解説】

　showStrs 関数は $num と $str で、for 文を使って $num 回数分 $str を表示します。戻り値がないので、最後の return は省略できます。

5-2 問題 5-2

prob5-2.php

```php
01  <?php
02      //　関数の定義
03      function min_number($n1, $n2) {
04          if ($n1 < $n2) {
05              //　$n1のほうが小さければ$n1を返す
06              return $n1;
```

```
07          }
08          //  それ以外の場合は\$n2を返す
09          return $n2;
10      }
11      //  $aと$bに値を代入
12      $a = 10;
13      $b = 5;
14      //  $aと$bの値を表示
15      echo "\$a={$a}<br>\$b={$b}<br>";
16      //  関数の呼び出し
17      $ans = min_number($a, $b);
18      //  結果の表示
19      echo "\$aと\$bのうち最小のものは{$ans}です。";
20  ?>
```

- 【解説】

　最小値を返す min_number 関数では、引数として与えられた 2 つの数のうち、小さいほうの値を return で返します。

 問題 5-3

prob5-3.php
```
01  <!DOCTYPE html>
02  <html>
03  <head>
04      <title>郵便番号の確認</title>
05      <meta charset="UTF-8">
06  </head>
07  <body>
08      <h1>郵便番号の確認</h1>
09      <form method="POST" action="prob5-3.php">
10          <p><b>郵便番号を入力してください</b></p>
11          <input type="text" name="zip" placeholder="例）101-0051">
12          <?php
13              $patterns = ["/^[0-9]{3}-[0-9]{4}$/", "/^[0-9]{7}$/"];
14              //  値が入力されているかの確認
15              if (isset($_POST["zip"])) {
16                  //  値が郵便番号であるかを確認
17                  $zip = $_POST["zip"];
18                  //  パターンにマッチしたら途中で関数を抜ける
```

```
19          if (preg_match($patterns[0], $zip) == 1 or preg_match($
    patterns[1], $zip) == 1) {
20              echo "<p>{$zip}は郵便番号です。</p>";
21          } else if ($zip === "") {
22              echo "<p>値を入力してください。</p>";
23          } else {
24              echo "<p>{$zip}は郵便番号ではありません。</p>";
25          }
26      }
27  ?>
28  </p>
29  <input type="submit" value="確認">
30  </form>
31 </body>
32 </html>
```

● 【解説】

　数字7文字のパターンを認識することができる正規表現 /^[0-9]{7}$/ を含めて、郵便番号かどうかを確認するのに用います。

　パターンにマッチしていない場合、入力された値が空文字か、それ以外でメッセージを分けます。

6 6日目 クラスとオブジェクト／クッキーとセッション

6日目の練習問題の解答です。

6-1 問題 6-1

prob6-1.php
```
01  // 割り算の結果取得
02  function div() {
03          if ($this->num2 != 0) {
04                  $ans = $this->num1 / $this->num2;
05                  echo "{$this->num1} ÷ {$this->num2} = {$ans}<br>";
06          } else {
07                  echo "{$this->num1} ÷ {$this->num2} は計算できません。
    ";
08          }
09  }
```

• 【解説】

　divメソッド内で、if文を用いて $this->num2 の値が0以外の場合と、0の場合で処理を分けるようにすると完成です。

6-2 問題 6-2

prob6-2.php
```
01  <?php
02      // 国クラス
03      class Country {
04          // 国名
05          private $name;
06          // 首都
07          private $capital;
```

```
08        //  $nameに対するセッター
09        function setName($name) {
10            $this->name = $name;
11        }
12        //  $nameに対するゲッター
13        function getName() {
14            return $this->name;
15        }
16        //  $capitalに対するセッター
17        function setCapital($capital) {
18            $this->capital = $capital;
19        }
20        //  $capitalに対するゲッター
21        function getCapital() {
22            return $this->capital;
23        }
24    }
25    $c = new Country();
26    $c->setName("日本");
27    $c->setCapital("東京");
28    $name = $c->getName();
29    $capital = $c->getCapital();
30    echo "{$name}の首都は{$capital}です。";
31 ?>
```

- 【解説】

 プロパティの $name、$capital を private で隠蔽し、セッター・ゲッターを定義します。隠蔽したプロパティには外部から直接アクセスできないので、呼び出し側もセッター・ゲッターを使ってアクセスするようにプログラムを変更します。

6-3 問題 6-3

prob6-3.php
```
01 <?php
02    class ZipCheck {
03        //  正規表現
04        private $expression = "/^[0-9]{3}-[0-9]{4}$/";
05        //  チェックする文字列
06        private $str;
07        //  コンストラクタ
```

```
08        function __construct($str) {
09            $this->str = $str;
10        }
11        //   正規表現にあっているかどうかのチェック
12        function isZip() {
13            if (preg_match($this->expression, $this->str) == 1) {
14                return true;
15            }
16            return false;
17        }
18        //   文字列の取得
19        function getStr() {
20            return $this->str;
21        }
22    }
23    $zip_checker1 = new ZipCheck("171-0022");
24    $exp1 = $zip_checker1->getStr();
25    if ($zip_checker1->isZip() == true) {
26        echo "{$exp1}は郵便番号です。<br>";
27    } else {
28        echo "{$exp1}は郵便番号ではありません。<br>";
29    }
30    $zip_checker2 = new ZipCheck("1710022");
31    $exp2 = $zip_checker2->getStr();
32    if ($zip_checker2->isZip() == true) {
33        echo "{$exp2}は郵便番号です。<br>";
34    } else {
35        echo "{$exp2}は郵便番号ではありません。<br>";
36    }
37 ?>
```

● 【解説】

　ZipCheck クラスを作成したあと、実際にこのクラスのインスタンスを生成し、正
規表現を用いて郵便番号かどうかのチェックを行います。コンストラクタの引数として
与えた文字列を $str に代入します。プロパティ名が $str なのは、値を取得するアクセス
メソッドが getStr メソッドなのであわせています。正規表現はあらかじめ $expression に
代入し、isZip メソッドで実行時のチェックに使います。

7日目　データベースを使ったアプリの作成

▶ 7日目の練習問題の解答です。

 問題 7-1

（1）の解答

```
01 SELECT * FROM school.student;
```

テーブルの情報をすべて出力するには「SELECT * FROM（テーブル名）;」とします。

● 実行結果

（2）の解答

```
01 SELECT id, name FROM school.student WHERE grade = 2;
```

SELECT文に条件を付けるには、WHERE句を用います。

- 実行結果

←T→				id	name
☐	✐ 編集	゠ コピー	⊖ 削除	2001	太田隆
☐	✐ 編集	゠ コピー	⊖ 削除	2002	佐藤元

(3) の解答

```
01  SELECT name FROM school.student WHERE id <> 2002;
```

「id <> 2002」は「id != 2002」と表記しても同じ意味になります。

- 実行結果

←T→				name
☐	✐ 編集	゠ コピー	⊖ 削除	山田太郎
☐	✐ 編集	゠ コピー	⊖ 削除	児玉雄太
☐	✐ 編集	゠ コピー	⊖ 削除	太田隆
☐	✐ 編集	゠ コピー	⊖ 削除	林敦子
☐	✐ 編集	゠ コピー	⊖ 削除	市川次郎

(4) の解答

```
01  SELECT * FROM school.student WHERE id = 2001 OR id = 2002;
```

WHERE 句には AND や OR で複数の条件をつけることができます。

- 実行結果

←T→				id	name	grade
☐	✐ 編集	゠ コピー	⊖ 削除	2001	太田隆	2
☐	✐ 編集	゠ コピー	⊖ 削除	2002	佐藤元	2

問題 7-2

prob7-2.php

```php
01  <?php
02      try {
03          //  (1) 接続
04          $db = new PDO('mysql:host=localhost;dbname=school', 'root',
     'root');
05          //  (2) 削除するレコードの情報
06          $id = 1001;
07          $name = "山口太郎";
08          //  (3) SQLクエリ作成
09          $stmt = $db->prepare("UPDATE student SET name = ? WHERE id =
     ?;");
10          $stmt->bindParam(1, $name, PDO::PARAM_STR);
11          $stmt->bindParam(2, $id, PDO::PARAM_INT);
12          //  (4) SQLクエリ実行
13          $res = $stmt->execute();
14          //  (5) 切断
15          $db = null;
16      } catch(PDOException $e) {
17          echo "データベース接続失敗<br>";
18          echo $e->getMessage();
19      }
20  ?>
```

WHERE 句の条件で id カラムの値が 100 のレコードを指定し、name カラムの値を「山口太郎」に変更します。変更が成功しているかを確認するには、Web ブラウザで「localhost/chapter7/sample7-1.php」を表示させてください。

● **実行結果**

```
id = 1001 name = 山口太郎 grade = 1
id = 1002 name = 児玉雄太 grade = 1
id = 2001 name = 太田隆 grade = 2
id = 2002 name = 佐藤元 grade = 2
id = 3001 name = 林敦子 grade = 3
id = 3002 name = 市川次郎 grade = 3
```

あとがき

　早いもので私が執筆した1週間プログラミングシリーズは、この『1週間でPHPの基礎が学べる本』で6冊目になりました。今までいろいろなプログラミング言語の入門書を書いてきましたが、C/C++やC#など、基礎文法を学んだだけでは、アプリを作るのに不十分な知識しか得られない言語が多く、何かアプリを作りたいと思っている方に、ちょっと申し訳ないような気がするときもありました。

　一方、PHPはWebアプリに限定されているとはいえ、その気になれば初心者でも簡単なアプリを作れるプログラミング言語なので、そこまでの内容を一冊にまとめることに努めました。PHPだけではなく、HTMLやデータベースなどの知識も必要になってくるので、できればそれらも一冊にまとめたいと考えましたが、思ったよりも苦労しました。とはいえ、過去のシリーズよりもページ数を増やしたくなかったので、この本で解説すべき内容と、解説をあきらめる内容を選ぶのが、文章を書くより大変な作業でした。

　このような制約をどうして課したかというと、私の本を読んでくださっている方の中には、お小遣いの限られている学生や、若いビジネスパーソンの方が多くいるようなので、そういった方々の経済的な負担を最小限にし、かつ最大限の成果が得られるように……という思いがあったためです。この本と5万円くらいで購入できるノートパソコンさえあれば、プログラミング学習が十分に始められる良い本に仕上がったと自負しております。

　それでも、初心者の方がこの本を最後まで読んで、自力でアプリを作れるようになるにはかなりの努力が必要ですが、ぜひ頑張ってほしいです。

　執筆作業は困難でしたが、何とか仕上げることができたのは、編集長の玉巻様、担当編集の畑中様、編集プロダクションであるリブロワークスの大津様、内形様をはじめとして、多くの方のご助力、ご助言のたまものであると考えており、最後にこの場を借りてお礼を申し上げたいと思います。

2022年2月　亀田 健司

346

索引

著者プロフィール

亀田健司（かめだ・けんじ）

大学院修了後、家電メーカーの研究所に勤務し、その後に独立。現在は
シフトシステム代表取締役として、AIおよびIoT関連を中心としたコン
サルティング業務をこなすかたわら、プログラミング研修の講師や教材
の作成などを行っている。
同時に、プログラミングを誰でも気軽に学べる「一週間で学べるシリー
ズ」のサイトを運営。初心者が楽しみながらプログラミングを学習でき
る環境を作るための活動をしている。

■一週間で学べるシリーズ
https://sevendays-study.com/

スタッフリスト

編集	内形 文（株式会社リブロワークス）
	畑中 二四
校正協力	小宮 雄介
表紙デザイン	阿部 修（G-Co.inc.）
表紙イラスト	神林 美生
表紙制作	鈴木 薫
本文デザイン・DTP	株式会社リブロワークス デザイン室
編集長	玉巻 秀雄

■商品に関する問い合わせ先

このたびは弊社商品をご購入いただきありがとうございます。本書の内容などに関するお問い
合わせは、下記のURLまたはQRコードにある問い合わせフォームからお送りください。

https://book.impress.co.jp/info/

上記フォームがご利用頂けない場合のメールでの問い合わせ先
info@impress.co.jp

※お問い合わせの際は、書名、ISBN、お名前、お電話番号、メールアドレス に加えて、「該当する
ページ」と「具体的なご質問内容」「お使いの動作環境」を必ずご明記ください。なお、本書の範囲
を超えるご質問にはお答えできないのでご了承ください。

- ●電話やFAX でのご質問には対応しておりません。また、封書でのお問い合わせは回答までに日数をい
  ただく場合があります。あらかじめご了承ください。
- ●インプレスブックスの本書情報ページ https://book.impress.co.jp/books/1121101073 では、本書
  のサポート情報や正誤表・訂正情報などを提供しています。あわせてご確認ください。
- ●本書の奥付に記載されている初版発行日から3 年が経過した場合、もしくは本書で紹介している製品や
  サービスについて提供会社によるサポートが終了した場合はご質問にお答えできない場合があります。

■落丁・乱丁本などの問い合わせ先
TEL　03-6837-5016　FAX　03-6837-5023
service@impress.co.jp
(受付時間／10:00～12:00、13:00～17:30土日祝祭日を除く)
※古書店で購入された商品はお取り替えできません

■書店／販売会社からのご注文窓口
株式会社インプレス 受注センター
TEL　048-449-8040
FAX　048-449-8041

---

1 週間で PHP の基礎が学べる本

2022 年 3 月 11 日　初版発行

著　者　亀田 健司

発行人　小川 亨

編集人　高橋 隆志

発行所　株式会社インプレス
　　　　〒 101-0051 東京都千代田区神田神保町一丁目 105 番地
　　　　ホームページ　https://book.impress.co.jp/

印刷所　日経印刷株式会社

ISBN978-4-295-01357-0　C3055

Printed in Japan